儿童感觉统合训练入门

王选民 编著

中国纺织出版社有限公司

内 容 提 要

    6岁是孩子感觉统合的主要发展时期，一旦出现问题，孩子就会注意力不集中、笨手笨脚，动作不协调，影响学习能力。每个父母都要重视孩子的感觉统合能力的发展。

    本书集专业和普及于一体，用通俗的语言讲清专业的知识，向家长介绍了感觉统合的含义以及相关知识，内容具有实用性和可操作性，希望对广大家长和孩子有所帮助。

图书在版编目（CIP）数据

    儿童感觉统合训练入门／王选民编著. ﹣﹣北京：
中国纺织出版社有限公司，2020.7 （2024.6重印）
    ISBN 978-7-5180-7325-2

    Ⅰ.①儿… Ⅱ.①王… Ⅲ.①儿童—感觉统合失调—训练 Ⅳ.①B844.12

    中国版本图书馆CIP数据核字（2020）第066526号

责任编辑：江 飞   责任校对：韩雪丽   责任印制：储志伟

中国纺织出版社有限公司出版发行
地址：北京市朝阳区百子湾东里A407号楼 邮政编码：100124
销售电话：010—67004422 传真：010—87155801
http：//www.c-textilep.com
中国纺织出版社天猫旗舰店
官方微博http://weibo.com/2119887771
河北延风印务有限公司印刷   各地新华书店经销
2020年7月第1版   2024年6月第6次印刷
开本：880×1230 1/32 印张：7.5
字数：125千字 定价：29.80元

前言

作为父母，在家庭教育中，我们发现，孩子到了上幼儿园的年纪，还是手脚不协调、注意力不集中、笨手笨脚，一些父母认为，孩子长大了自然就好了，殊不知，孩子的这些"异常"表现，很有可能是感觉统合失调的结果。

那么，什么是感觉统合，什么又是感觉统合失调呢？

感觉统合是指个体在日常生活中，将来自不同感觉通路的信息，如视觉、听觉、嗅觉、味觉、触觉以及平衡觉、本体觉等，通过大脑的前庭进行过滤和辨识，然后把重要信息传递给大脑进行处理、协调整合后形成知觉，身体再做出反应。

孩子的感觉统合发展分为三个时期：3岁前是预防期、6岁前是最佳矫正期、10岁前是弥补期。

感觉统合失调是指外部的感觉刺激信息无法在脑神经中进行有效组合，大脑对身体器官失去控制和组合能力，从而使身体不能和谐运作的现象。

对于成长中的孩子来说，婴幼儿时期是孩子人生发展最快也最为关键的时期，这一时期的孩子需要丰富的营养和大量的感觉刺激，他们的大脑才会得到充分的开发，长大后的孩子也才会更加健康和聪明。相反，孩子如果出现感觉统合失调，将导致大脑无法合理安排身体的动作，包括注意力、自我控制能

力、协调能力等，削弱认知和适应力。

可以这样说，在孩子成长的过程中，感觉统合能力的作用是不可或缺的。正因为人的大脑具有感觉统合的能力，才能协调身体对外界的刺激做出适应性反应。因此，成长中的孩子不仅需要各种感觉学习，还需要家长关注其感觉统合的发展，并对其进行有效的感觉统合训练。

然而，不得不说，现代社会因为多方面因素的影响，比如剖腹产、隔代教育还有孩子活动范围越来越小、家庭教育里面的问题等，很多孩子在婴幼儿时期就出现了感觉统合失调的问题，并呈现逐年上升的趋势。因此，作为父母，我们应及早认识到孩子感觉统合能力发展的重要性，并学习如何在家庭中对孩子进行这方面的训练。

编写本书的目的，就是引导家长朋友们了解感觉统合的基本知识和训练方法。本书中介绍的感觉统合训练方法，对已经出现了感觉统合失调的宝宝，同样可以起到矫正的作用。本书立足现实的家庭教育，具有实用性和可操作性，同时也适合幼儿教师使用。

当然，本书只作为参考，难免出现不全面之处，敬请读者批评指正。

编著者

2020年1月

目录

第 01 章

认识并了解感觉统合

    感觉统合，这个名词近些年来热潮不断，且日益受到关注，越来越多的家长开始关注孩子的感觉统合能力，谁都不愿意让孩子输在起跑线上。然而，谈到感觉统合，多数的家长很陌生，那么，到底什么是感觉统合呢？接下来，在本章中，让我们走近并了解它。

感觉统合的定义

在生活中，我们每个人对外界都有一定的感知能力，比如能听到声音、看到颜色……所以，我们产生了不同的感觉，也有了听觉、视觉、触觉和嗅觉等。比如，剥橙子时，视觉使我们知道它是黄色的、圆形的；触觉使我们知道它有粗糙的外皮和多汁的果肉；嗅觉告诉我们它有芬芳的气味；味觉让我们知道它是酸酸甜甜的；当我们以手掂它的重量时，本体觉告诉我们它是重是轻。我们在日常生活中对这些感觉已经司空见惯，但我们没有认识到的是，这些感觉其实是相互作用、集体运作的。

为此，心理学上有个著名的名词——感觉统合，那么，什么是感觉统合呢?

所谓感觉统合，指的是在人的身体和大脑相互协调和学习的过程中，机体在环境内有效利用自己的感官，以不同的感觉通路（视觉、听觉、味觉、嗅觉、触觉、前庭觉和本体觉等）从环境中获得信息输入大脑，然后我们的大脑再对其进行信息的加工处理（包括解释、比较、增强、抑制、联系、统一），并做出适应性反应的能力，简称"感统"。

举个很简单的例子，当别人给我们一朵花，我们会理所当然地说这是一朵花，但事实上，我们大脑已经借由各个感官做出了完整的感觉统合运作：眼睛看到花的颜色、形状，鼻子闻到它的味道，手摸到它的触感……当感觉输入到大脑之后，大脑开始处理。我们在接过别人给的花时，就会欣赏、闻一闻、看一看，对这朵花进行一些信息处理，进而确定它是一朵花。

我们置身环境之中，各种感官获得信息，大脑收到信息之后将信息进行整理分析，留下需要的，排除不需要的，我们赋予这些信息一定的意义，做出适当的回应与行动。

感觉统合理论乍一听是个拗口的名词，但其实并不复杂，它是由美国南加州大学临床心理学博士爱尔丝（Anna Jean Ayres）于1969年首先系统提出的。

20世纪70年代末，欧美和日本等国家出现了很多问题儿

童，很快引起教育专家的注意，他们开始关注和着手解决这一问题。在经过一段时间的调查研究后，终于在1972年，爱尔丝博士根据脑功能研究，提出感觉统合理论。爱尔丝博士认为感觉统合是指将人体器官各部分感觉信息输入组合起来，经大脑统合作用，对身体内外知觉做出正确反应。在现今的行为和脑神经科学领域，感觉统合这一术语被广泛应用，我们也可以说感觉统合理论是在脑神经生理学基础上发展而来的。

事实上，人一旦失去了感觉统合能力，我们的大脑和身体就陷入了瘫痪状态。相关研究表明，导致儿童感统失调的原因有很多，但不论是什么原因，儿童一旦感统失调，就会出现以下症状，比如：好动不安、注意力不集中、笨手笨脚、严重害羞等，这一直困扰着老师和家长。

爱尔丝博士提出的感觉统合治疗方法为这些儿童提供了矫治的机会，也解决了家长和老师对高智商低成绩儿童现象的烦恼。最新研究调查表明，中国大中城市孩子感统失调率达到80%，其中30%为重度感统失调。

综合来说，感觉统合的作用主要表现在如下几个方面：

1. 组织功能

存在我们身体上的各种感官，把外在世界对我们身体产生的众多感觉刺激传递到我们的头脑中。而这种传递的方式和通道不同，要想让我们的身体根据这些信息做出正确的反应，就必须要有一定的组织功能。一方面，我们的大脑对各种感

觉刺激做出反应，给出指令；另一方面又要对各种感觉信息做综合处理。如果各种感觉信息传入和传出的通道畅通，整体协调得当，人的神经系统就会利用这些纷繁的感觉刺激来形成认知、动作等各种适应性活动。这便是感觉统合的组织功能。

2. 检索功能

我们人脑接收到的信息是非常多的，我们的意识不可能一一给出反馈。而感觉统合能将这些信息中最有用和最重要的部分挑选出来，以供大脑使用。大脑对统合过的主要信息进行反应，就能更为准确、及时。

3. 综合功能

感觉是局部的、分散的，而外部世界常常是以整体的形式呈现给人的，感觉统合的功能便把各种感觉综合，形成整体。

比如，现在有个苹果，我们的大脑是怎样对这个苹果给出认识的？对苹果的感知是由眼睛、鼻子、嘴巴、皮肤、手指以及关节等各种感觉器官共同来完成的，但是我们是如何对苹果产生整体影响，却不是其他的什么东西呢？这里，我们就借助了感觉统合的综合能力。

4. 保健功能

如果一个人感统能力良好，就自然有良好的适应环境的能力，能对他人产生信任，能与他人合作，这样就会产生胜任、满足等有利于身心健康的感觉。

　　大量的调查研究显示：任何一个儿童要百分之百达到感觉统合是非常困难的。其实，在教育界，几乎所有儿童都存在不同程度的感觉统合失调，只不过失调的轻重程度有差异。基于此，爱尔丝博士等12位世界级儿童心理生理专家首次开发了感觉统合智力训练系统，其最大的特点是能让1~15岁孩子在玩乐中通过系统的数十种训练器材实现刺激孩子的前庭、本体、视觉、触觉、听觉的综合发展，促进孩子的全面感觉统合。

　　感觉统合学习是人一生中不可缺少的最重要的学习，由于人类大脑发展特别快，婴幼儿时期的感觉统合学习几乎占据了一生的80%，因此，儿童的感觉统合学习对其身心发展起着其他任何学习所无法代替的作用。

　　总之，感觉统合是以提高儿童的能力为主，教的不是知识，而是吸收知识的工具——能力。

感觉统合对儿童身心发展的作用

　　我们对外界的感官学习是通过视、听、嗅、味、触等感觉器官，在自然的状态下学习的，但是，仅仅有感觉器官并不能保证感觉学习的顺利发展和完成。因为感觉学习除了有感觉刺激输入外，更重要的是进入大脑的感觉刺激信息能在中枢神经形成有效的组合，也就是"感觉统合"，正因为有这种能力，大脑才能协调身体对外界做出适当的反应。

爱尔丝博士将感觉统合能力比喻为"交通指挥者或红绿灯管制者"，没有它们，交通将乱成一团。感觉统合促使我们感觉神经的交通不中断，所有的学习和动作能顺利进行。在达成各种有目的的协调行为上，感觉统合的能力非常重要。爱尔丝博士认为："人类遗传基因中就有感觉统合的基本能力，每个婴儿生下来便有此本能。但这种本能必须在孩童时期和环境的互动作用中，以及大脑和身体不断地顺应反应下，才能健全和高度地发展。"

3~6岁是感知觉和运动发展极为迅速的时期，是促进和提高感觉统合能力的关键期。大脑的发展，必须要有适宜的刺激，环境中的感觉刺激是大脑的"食物"和"营养"。如果幼儿视、听、动、触环境贫乏或被剥夺，就像生命缺乏食物和营养一样，大脑的发展就受到限制，大脑缺乏应有的感觉存在，也就无法进行"统合"。

那么，对于儿童来说，"统合"的感觉有哪些呢?

1. 本体感觉（本体觉）

本体感觉（又称深部感觉）是来自我们身体内部的肌肉、关节的感觉，它是了解肢体的位置与运动的感觉，我们的这些感受上传至脊髓、脑干及小脑，部分传至大脑半球。大部分本体觉受输入在大脑产生感觉的区域加以处理，通过这种感觉来控制我们的身体。有了它，即使不看、不听，也能对全身进行

一个准确的掌控。如上下楼梯时，我们不用刻意去注意脚下，也不会出现踩空的现象。

2. 前庭感觉（前庭觉）

人的前庭系统是极为敏感的，一旦位置和动作有任何改变，都会对人的大脑产生很大的影响。其实，这种影响在人还是胎儿的时候就已经形成了。胎儿在子宫中第五个月时，前庭系统已发展得很好。母亲在整个怀孕期间，她的身体一旦产生移动，都会对胎儿的前庭系统产生刺激。

前庭感觉大部分在前庭核（脑干前面）和小脑中处理，然后由这两处下传至脊髓，进入脑干，在脑干中担任重要的统合角色。前庭感觉是人类先天形成的，包括视觉、听觉、前庭平衡觉、口腔触觉。前庭觉的主要功能是接受脸部正前方视、听、嗅、味、触信息，并进行滤及辨别后再传给大脑，使大脑不至于太忙碌，注意力才能集中，特别是成长以后的视觉、听觉学习。

3. 平衡感与前庭平衡感

所谓平衡感，指的是利用人的内耳的三对半规管及耳石（碳酸钙结晶）来探测地心引力并控制头部在活动中的方位，从而保持人的身体骨架与地心引力之间的平衡。

前庭平衡感是指人类整个身体的触觉、关节活动信息经过前庭过滤以选择重要的信息做回应。只有前庭觉和平衡感取得完全协调，才能正确辨识身体的空间位置。

4. 视觉

我们的眼睛都有视网膜，而视网膜正是各种光波的接收器。

在外面的大脑脑干中，有个视觉处理中心，光波在刺激视网膜以后，视觉处理中心会处理这些信息，并使他们与其他感觉信息进行统合。然后，脑干核把信息传送到脑干的其他部分和小脑，以便与运动信息相协调，将运动信息传送到肌肉。

5. 听觉

有了听觉，我们才能听到动听的音乐，才能与人沟通。我们的大脑中有个听觉处理中心，一旦声音刺激到我们内耳中的听觉接收器，听觉处理中心接受后就会进行处理。

这些接收器不只处理听觉信息，还会处理前庭系统和筋肉及皮肤所传来的信息。听觉组织中心很靠近脑干中的视觉处理中心，两者可交换信息，就像视觉输入一样，有些听觉信息也会传送到脑干其他部分及小脑，以便与其他感觉与运动信息相协调。听觉信息与其他感觉信息混合后，继续传到大脑半球的几个部分。

6. 触觉

有了触觉，我们才能感受到来自外界的温度、湿度、疼痛、压力及震动的感觉。触觉来源于我们的皮肤，可以说，触觉系统是我们人类最早的感觉系统，自我们呱呱坠地，就会用手去抓和触摸，所以，触觉感是先天形成的。它的主要作用是保护人体冷、热、痛、痒的正确反应，辨别触摸到的物体的软

硬，感受压力的大小。

孩子挑食，容易哭闹，出现很多我们觉得"怪异"的行为等，很有可能是感觉统合能力发展不良导致的。

当孩子在运动、游戏时，会有各种感觉刺激输入：互相追逐，攀高爬低，玩沙子、泥巴等都无形中快乐地接收了很多感觉刺激，而这些感觉会活化边缘系统，释放血清素、多巴胺等物质，让人积极、快乐，更让孩童产生动机去探索并整理自己的情绪。所以，感觉统合能力越好，越能促进孩童快乐成长。

当我们什么都做不好的时候，会对周围环境无所适从，会沮丧，会忧郁，也会逃避做各种事情。如果孩子玩什么游戏都跟不上其他朋友，只能自己在一旁观看；如果孩子对声音过度反应，朋友会觉得他（她）大惊小怪；如果孩子挑食，入睡困难，对什么都没兴趣……这说明孩子的感统能力出现了问题。要知道，孩子感统失调造成的问题，会随着年龄的增长变得更加复杂。比如原本只是单纯的感统问题，到后面可能会夹杂着情绪问题、行为问题、人际互动等不良影响。就像滚雪球一样，滚的时间越长，中间越容易混杂一些"树枝""石头"等杂质，要去除这些"杂质"就会变得很困难。

总之，感觉统合是儿童各种能力发展的基础。孩童对环境的自我摸索，接收各类感觉刺激，并在大脑组织运作，影响之后的动作能力、认知学习、人际交往，沟通表达与情绪调节能力等的发展。

感觉统合能力的发展

人类感觉统合的基本能力是与生俱有的。每个人生下来就具有这种能力，但需要从小与周围事物保持接触，接受环境信息的刺激，并主动让身体和大脑相互协调以适应环境的挑战，才能不断促进大脑和身体的发展和完善。即使没有现在所谓的感觉统合教育或感觉统合训练，人类从出生开始到生命结束就一直在进行着感觉统合。

感觉统合的练习与大脑的"运动计划"过程有关。所谓"运动计划"就是人类大脑在指挥身体的运动前，必须对自身与周围环境的关系进行全面的了解，并制订出实际的运动步骤，以保证正确地完成行动的一种自主性的神经系统活动。例如，婴儿出生时就有了吮吸能力，只要母亲的乳头放在他嘴里，他就条件反射地吮吸起来。出生几天后，就不再是消极地等待母亲将乳头放入口中，而是开始寻找乳头的"运动计划"，通过饥饿的感觉、嘴唇对妈妈皮肤的触觉、头部的运动感和吮吸的运动感觉的统合，制订出寻找母亲乳头的计划。他张开嘴暗中摸索母亲的胸部直至找到乳头为止。在主动的探索中，大脑的各个相应部分和身体逐渐协调，孩子也就在这个过程中适应了环境，发展了大脑与身体的协调能力。

孩子的探索是一个自主发生的有计划的过程。偶然的感觉信息可使其发现未曾接触的事物——母亲胸部温暖的皮肤与乳

头之间的联系，继而主动地采取行动——嘴唇的摩擦，对事物进行探索后发现了乳头，然后将胸部皮肤的感觉信息与原有的乳头信息组合。这是一个多么简单的过程，但对于刚刚出生的婴儿来说是一个多么奇妙的胜利呀。它不但促进孩子智力的发展，也使孩子建立了初步的自信心。而且，这个过程同时也是孩子与母亲建立亲密亲子关系的一个过程。如果用奶瓶喂养，孩子就失去了这个美妙的发展机会。

接下来，婴儿并不限于吮吸乳头，他还吮吸衣服、枕头、毯子、自己的手指，吮吸一切他们偶然遇到的东西。孩子从出生就开始积极主动学习，把他所感受到的感觉信息不断与原有信息进行结合，并通过自己的行动主动探索和适应周围的环境。感觉统合能力的发展分为4个阶段：

1. 初级感觉统合阶段（1~2岁）

在这一阶段，人的大脑重量大概是925~1064克。脑细胞开始长出很多凸起的部分，分出侧枝，形成专用神经通道。同时，多重感觉统合能力形成，还是以我们说的"苹果"为例，我们开始认识到这是一个"苹果"，形成对苹果的印象；而婴儿能认出父母的长相和声音，稍大一点能听懂一些词语的含义；在动作方面，因为感觉统合能力的初级形成，婴儿能在6个月翻身、7个月会坐、8个月爬、1岁会走路。

2. 中级感觉统合阶段（3~5岁）

在这一阶段，人的大脑重量大概有1100~1150克。脑细胞

中侧枝的分支在增多，专用神经通路随感觉整合而增多，并使大脑5个语言区都发育成熟并建立联系。

同时，孩子到了3岁，词汇量能增加到1000多个。此时，人的感觉统合能力，比如肌肉关节的本体觉觉、前庭位置感觉、皮肤触压觉、视觉、听觉经整合学习训练后，实现身体运动协调、手眼运动协调，并保持良好的平衡。各种感觉信息刺激大脑，经整合后产生注意力，并开始有记忆力，形成对事物的认知评价、记忆、学习经验，表现为意志力、运动协调、手眼协调、情绪稳定，能通过意志控制自己的行为进行有目的的运动，并具有语言能力。

总之，3～5岁的儿童，无论是智力还是语言、个性都在形成和发展，这是一个关键期，而这些能力的获得和发展都是感觉统合学习和训练的结果。

3. 高级感觉统合阶段（6～10岁）

在这一阶段，人的大脑重量大概有1150～1250克。此时，人的感统能力经过了训练和发展，经感觉统合后的心理、行为反应已较复杂。如经高级感觉统合后表现为：注意力能较长时间的集中，组织实施自己计划的意志力增强，自我控制情绪与行为的能力增强，阅读、书写、计算、音乐、绘画、语言表达等学习能力增强，记忆力增强，逻辑思维形成。经感觉统合，左右大脑半球的功能出现单侧化。如左脑具有听、说、读、写的语言能力及计算和逻辑思维能力优势；右脑具有音乐、绘画

等形象思维能力、空间定向能力、情绪控制能力等优势。

4. 脑的成熟（15岁左右）

在这一阶段，人的大脑重量大概有1350克，而成人的脑重为1400克。这时，人的感统能力基本成熟，但是心理能力还需要发展，大约到20岁左右才完全成熟。

人的大脑的感觉统合能力是一个不断发展的过程，如果这个发展过程良好的话，就能表现出自信、满足和胜任等反应。儿童的大脑感觉统合功能发展良好，且足以适应环境时，儿童的反应会有满足感，如此良性循环，促进了感觉统合能力和学习能力的不断发展。在感觉运动良好组合的基础上，心智和社会反应才取代由跳动、谈话和游玩中所发生的感觉统合，这些都为儿童后来读书、写字以及良好行为所需要的复杂的感觉统合奠定坚实的基础，感统能力好的孩子，在长大以后就会比较容易形成好的行为习惯和思维模式，且有很强的人际交往能力和情绪自控力。

随着身体机能的完善，探索范围的逐步扩大，婴儿的感觉运动产生大量的组合，使之进一步发展而产生爬、运动和站立等动作。然后，孩子的阅读能力——需要视觉、颈部肌肉和内耳特殊感觉器官等非常复杂的感觉统合得到发展。一些感觉运动统合得非常出色的人在各行业中常常有突出的表现，如：舞蹈家和体操运动员在肢体和重力感觉方面有很好的统合，因此举手投足都非常优雅；艺术家和技术工人的劳动与创造则依靠

眼睛和手的良好统合和协调。

　　不得不说，婴幼儿和儿童无论是在生理还是生活范围上，所能接触的环境刺激总是有限的，而这就需要我们成人为孩子提供适合、丰富的环境刺激和安全、温暖的家庭氛围，让他们在愉快的氛围下，不断接受环境刺激，并产生能积极探索外部环境的兴趣，进而促进脑部神经系统的发育，呈现出心智与身体健康、平衡、全面发展的状态。这种环境刺激必须满足孩子的各种感觉器官的需要，所以家长需要了解人体有哪些感觉需要统合协调。

感觉统合与儿童教育

　　现代社会，在教育这一问题上，我们强调素质教育，注重孩子的身心和谐发展，也就是包括身体方面的、心理方面的，还有社会方面的。

　　身体方面包括孩子的身体成长，如加强营养和锻炼，预防疾病，使孩子获得健康的体魄；心理方面是指培养儿童良好的心态、情绪控制能力、积极的情感体验等；社会方面是指培养孩子适应社会的能力、社会交往能力等。在家庭教育中，以前我们更注重孩子身体上的健康，而忽视了后两方面的健康问题，致使一些幼儿情绪不高、波动大，封闭、孤僻，不知道如

何与他人交往，这是不能称之为健康成长的。

从这一点看，我们有必要按照体、智、德、美的要求，有目的、有计划地对儿童进行全面发展的教育。如合理儿童的饮食、睡眠，帮助他们养成良好的生活习惯；传授知识经验，发展智力、语言及社会适应能力；培养积极的情感和良好的个性品质。幼儿园教育具有不同于中小学的特殊性，要从儿童的不同年龄的能力需要出发，加以组织安排。

有人认为，对于年幼的儿童，比如幼儿园时期的孩子来说，还谈不上素质教育，素质教育应从小学开始。这种观点是十分错误的。我们常常看到有的孩子很聪明，生活自理能力却很差；有的孩子记忆力强，却缺乏创造力。这些都说明我们的教育还存在着种种弊端。将什么样的幼儿教育带入21世纪已开始引起人们的深思。促进幼儿全面发展，培养高素质的人才是每个教育者义不容辞的责任。

然而，要实现对孩子的素质教育、培养出全面发展的孩子，我们首先要认识到感觉统合对孩子成长的重要性，因为孩子的学习、生活能力的发展，主要依赖于大脑和身体运动神经系统之间的协调。当感觉统合运作良好时，孩子在学习、运动、移动时，其大脑、眼、耳、手、足等高度协调，在学习活动中表现出适应性强、语言表达及沟通能力强，没有发展迟缓的情况。当感觉统合运作不良时，孩子的大脑和神经系统活动就像拥挤的交通一样，出现信息流通不良，混乱而缓慢的现

象，使孩子的认知、行为、学习、情绪等方面的发展出现异常。因此，要提高孩子的学习成绩与效率，必须重视孩子的感觉统合教育。

感觉统合是人类智慧的基础，是人生一切能力发展的根本，从根本上系统培养孩子的行为能力、组织能力、学习能力、专注能力、思考能力、探索能力、创造能力、决策力和解决问题的能力等多种能力。人类感觉学习发展的过程主要有五个阶段：

第一阶段：建立感觉通路；

第二阶段：发展感觉动作；

第三阶段：认识身体形象；

第四阶段：形成知觉运动；

第五阶段：发展认知学习。

这些过程的顺利进行，有赖于大肌肉的健全成长，所以平衡感的好坏扮演着决定性的角色。特别是前庭信息及平衡感协调而成的前庭平衡能力，会直接干扰运动协调能力及语言能力的健全发展。人类学习最重要的并非获取知识，知识只是工具，如何吸收、消化、使用知识才是学习的重要目的。学习能力是身体感官、神经组织及大脑间的互动，身体的视、听、嗅、味、触及平衡感官，透过中枢神经分支及末端神经组织，将信息传入大脑各功能区，称为感觉学习。大脑将这些信息整合，做出反应再透过神经组织指挥身体感官的动

作，称为运动学习。感觉学习和运动学习的不断互动便形成了感觉统合。感觉统合是一种状态，13岁之前基本形成，之后改变十分困难。

第 02 章

什么是感觉统合失调

　　因为人体各部分器官都是通过与外界接触，向大脑传递感觉信息，这些信息经过大脑的有效组合，指挥人完成各项活动。当这一系统正常运转时，就是感觉系统合理运行，而由于发育或其他原因不能正常运转时，就会出现感觉统合失调。那么，什么是感觉统合失调呢？对于儿童来说，造成感统失调的原因又是什么呢？在本章中，我们会了解关于感觉统合失调的相关知识。

感觉统合失调有哪些表现

前面，我们分析和了解过感觉统合，如果一个人的感觉统合能力运转良好，其生活、学习和工作才能按部就班地运行，反之，就会影响甚至严重影响日常生活。为此，心理学上有个重要的概念——感觉统合失调，顾名思义，就是指外部的感觉刺激信号无法在大脑神经系统进行有效的组合，从而使机体不能和谐运作，久而久之形成各种障碍最终影响身心健康。"儿童感觉统合失调"意味着儿童的大脑对身体各器官失去了控制和组合的能力，这将在不同程度上削弱儿童的认知能力与适应能力，从而阻碍儿童的社会化发展。

那么，感觉统合失调有哪些表现呢？

1. 本体感觉失调

表现为喜欢与他人用力推、挤、压；手脚喜欢用力做某些动作；动作模仿不到位，常望着手脚不知所措；俯卧地板时全身较软，头、颈、脑提起困难；坐姿不稳定；会东倒西歪；力度控制较差，常会因太用力而损坏玩具或因力度太小抓不住东西；速度控制较差，跑起来难以按指示停止。

2. 前庭感觉失调

表现为喜欢自转，而且转很久不觉头晕；喜欢看、玩转动的东西；经常喜欢爬高，边走边跳；平衡差，走路东倒西歪，经常碰撞东西；颈部挺直时间较同龄儿童短，常垂头。

3. 视觉系统失调

表现为即使常看到的东西都会让他害怕；喜欢看手发呆；对特定的颜色、形状、文字特别感兴趣甚至固执；喜欢将物品排序；喜欢斜眼看东西；喜欢躲在较阴暗的角落；喜欢看色彩鲜艳、画面变换较快的广告；喜欢看风扇或转动的东西；喜欢坐车，对窗外景色变化非常着迷。

4. 听觉系统失调

表现为常会掩耳朵或按压耳朵；对尖锐或拉高的声音一点也不讨厌，甚至喜欢；有时对很小的声音感兴趣；喜欢无端尖叫或自言自语。

5. 触觉系统失调

表现为害怕陌生的环境，过分依恋父母、容易产生分离焦虑，过分紧张；偏食，暴饮暴食，逃避咀嚼；喜欢吮吸手指，咬指甲，触摸生殖器；对某种感觉特别喜欢。

以上几方面都属于神经系统不健全而引起的感觉统合不良，严重阻碍了幼儿身心的发展，也可以说是"都市文明病"。据有关医学心理研究部门测查显示，感觉统合患者在儿童中的比例呈上升趋势，不容乐观。究其主要原因，其一是先天不足：孕妇面对快节奏的生活过于忙碌，造成感觉刺激不足；其二是社会环境变化：居住独门独户，生活环境封闭，缺

乏活动空间，缺乏同伴间的游戏活动；其三是教养方式偏差：期望值过高，"第二书包"沉重，超前、超强度的教育，保护过度或娇纵溺爱造成身体操作能力欠缺、爬行不足，以及过早使用学步车，造成前庭平衡及支撑力不足。

感觉统合失调不会随着年龄的增长自然消失，需要给予必要的矫正。感统失调通俗的说法是：儿童大脑在发展的过程中出现很轻的障碍，药理是无效的，必须通过合理的训练才能纠正。

有的家长认为只有感觉统合失调的孩子才有必要进行感统训练，其实不然。据大量科学调查研究表明，几乎所有的孩子都存在感统失调，只是表现程度不同而已。对于感统失调的孩子，12岁以前通过专业训练很容易得到纠正，一旦超过这个年龄，将很难改变，最终成为孩子一生的遗憾。经过训练的孩子，其身体平衡和协调能力、注意力、情绪、自控能力、学习能力、逻辑推理能力、饮食、睡眠等方面均有令人满意的提高和改善。

感觉统合失调的原因有哪些

感觉统合能力正常，儿童就能注意力集中，情绪稳定，动作协调，做事有效率。反之，将会在不同程度上削弱人的认知

能力与适应能力，从而推迟人的社会化进程。常常表现出注意力不集中，学习容易出差错，做事笨手笨脚，拖拖拉拉，丢三落四，有的孩子显得害羞胆小，有的孩子可能脾气暴躁等。

现代都市家庭中，感统失调的孩子达85%以上，其中30%的孩子为重度感统失调。那么，感觉统合失调的原因有哪些呢？

1. 母体情胎因素

由于社会生活节奏的加快，一些妈妈们在怀孕时就缺乏足够的休息。工作、学习、生活的忙碌、焦虑及运动不够等都会影响胎位的变动，进而影响妈妈和宝宝的健康。而一些女性吸烟，饮用酒、浓茶、咖啡、毒品等刺激物质也会引起脐带毛细血管的萎缩，阻碍营养的输入，造成胎儿大脑发育上的不足，引起婴儿出生后触觉发育的不良。

2. 早期环境因素

人类在母体子宫内胎位变动的过程中，触觉、前庭平衡等能力就已经逐渐发展。出生后，这两种感觉和视、听、味等感官不断相互影响，相互联系。进入大脑的感觉刺激信息，在中枢神经形成有效的组合，进行感觉统合。感觉统合促使感觉神经的"交通"不致中断，所有的学习和动作才能顺利进行。但如果有下列这些现象，比如剖腹产；宝宝出生过程中颅脑损伤；在婴儿期，特别是七、八、九三个月期间内抱得多爬得少；婴幼儿期脑外伤；过多限制孩子的活动；日常生活中缺少

刺激；运动少以及宝宝的平衡和协调能力没得到锻炼发展等，都会使感觉难以统合，从而造成感觉统合失调。

3. 独生子女因素

初生宝宝对外界事物的了解和认识，最主要是通过视听、嗅、味、触的感官来获得的。以往孩子们无论是接受信息、讲话，还是日常生活能力、习惯等，大多是在兄弟姐妹群中或邻居伙伴中学会的，特别是平等、轮流分享、动嘴、动手、动脚等能力及合群性，人际的能力等。现代社会大多为独生子女家庭，兄弟姐妹的减少，使宝宝在0~4岁缺乏这方面的经验，就可能造成感觉统合的失调。

对于那些有感觉统合失调的儿童来说，感觉统合能力的提升能综合培养孩子各方面技能，锻炼孩子逻辑思维能力，激发想象力和创造力，塑造优秀品质，树立孩子的自信心，培养积极的人生态度。孩子是个有机体，只有大脑及身体感官的组合互动，才能形成学习能力。

感觉统合失调应如何预防

感觉统合失调的孩子在接收外界信息方面确实存在着一定的障碍，但他们的内心是十分敏感的，他们需要父母的帮助和一定量的感觉统合训练来提高感觉统合能力。那么，对于这类孩子，家长在心理护理方面又要注意些什么呢？

专业人士指出："首先家长要了解孩子的真实情况，对一些异常行为有所警觉，不要对孩子恶声恶气或满脸怨气，孩子是否真的感觉统合有问题，这需要专业人员的鉴定，家长可寻求专业人员的帮助并进行训练。这样，家长就不会把孩子学习技能障碍误以为是粗心大意。其次，感觉统合失调是功能性的，经过训练是能够得到纠正的，因此家长对此不必忧心忡忡，要有耐心地帮助孩子，并保证一定数量和时间的感统训练。在家里，家长也可开展一些初步的练习，比如教孩子拍皮球、跳绳，或者让孩子沿着地板的缝隙笔直地走，做平衡动作，这些活动能协助专业人员巩固感觉统合训练的效果。再次，有些感觉统合失调的孩子往往注意力不集中，周围一丁点的响声也会使他分心，一般家长对此都不能理解。因此，家长要充实有关儿童心理发展和感觉统合方面的知识，耐心地帮助、训练孩子逐步延长集中注意力的时间，在规定时间内孩子如果再次出现分心的现象，家长要及时提醒，以防止其进一步发展成坏习惯。"

感觉统合失调确实会造成孩子动作技巧不成熟、动作协调性不够等现象，但这些现象也有可能是由于孩子本身发展较慢，或者还没有达到成熟年龄，或者还在发展、学习某项动作而表现得不够熟练而已。因此，对孩子的异常表现不能一概而论，究竟是发展步调较慢，还是孩子存在着生理，心理问

题，这需要由专家做鉴定。另外，感觉统合训练也绝不是"万灵丹"，并非孩子所有的问题都能用感觉统合训练来解决。当然，对于年轻父母而言，如何促进孩子感觉统合能力协调发展，仍是一个值得重视的问题，因为儿童在8岁以前神经的可塑性很强，家长如能把握时机，在此期间发掘孩子脑功能的优势，诱导其发挥长处，改进短处，将使其终身受益。以下是给年轻父母的一些建议，仅供参考。

1. 触觉方面

（1）多温柔地抚摸孩子。情绪稳定及人际关系的建立，均依赖于安定的触觉系统，而爱抚是促进触觉系统安定的有效方法。

（2）提供干净、自由的游戏空间，让孩子能在地上自由爬行及接触周围物品，别老把婴儿放在学步车或婴儿车内，使其

丧失爬行和用手触摸环境的机会。

（3）对触觉防御过当的孩子，父母可以在他们洗脸、洗澡或睡觉前，以手或柔软的毛巾轻轻地触压或按摩孩子的手、脚或背部。

（4）对触觉迟钝的孩子，父母一方面可用软毛刷子刷孩子的手心、手臂及腿部，以唤醒其触觉；另一方面，可以给孩子玩有毛感的玩具，让他在玩耍中不知不觉地增进触觉识别能力。

（5）对触觉过分依赖的孩子，他们通常有吸吮奶嘴、手指或手帕的习惯，父母不要采用高压或恐吓的方式来纠正这些习惯，而应该先适当地满足孩子对触觉的需要，以加强亲子间的关系，使孩子有安全感，然后才要求他们逐渐改掉这些习惯。

2. 前庭平衡方面

（1）善于用摇篮。

（2）多提供骑木马、坐电动玩具、滑滑梯、荡秋千、跳弹簧垫等活动。如果孩子前庭抑制功能不良，出现头晕等反应时，家长仍应让他们参与上述活动，但要适度，加强保护，并给予心理上的支持。

3. 肌肉关节动觉方面

要重视孩子的运动，孩子玩弄或舔咬自己的手、脚，摔东西，敲打玩具，搬弄桌椅或爬上爬下等，都是在从事有益的活动。因此，父母千万不要因为事后收拾麻烦，或怕孩子碰伤

就全面禁止孩子活动，而应以积极的态度使孩子得到适当的活动。

4. 精细动作方面

（1）婴幼儿期要提供丰富的触觉刺激。

（2）在上小学前，家长应让孩子有许多涂鸦、剪贴、捏泥巴和黏土、扣纽扣、握笔、做简单家务的机会。

5. 视知觉方面

（1）丰富婴儿期的视觉刺激。

（2）提供有益的视知觉玩具：如积木分类、卡片配对、走迷津、玩拼图等。

6. 听知觉方面

（1）对听知觉辨别能力差的孩子，可多训练孩子闭目倾听环境中的声音，或让他们戴上耳机听故事录音带，以提高他们对声音的敏感度。

（2）对听知觉过滤能力差的孩子，消极的做法是，在孩子学习的场所，控制不必要的噪音；积极的做法是，在有背景音乐的环境中训练他们注意倾听，并辨别主题音乐。

（3）对听觉记忆能力不佳的孩子，可带孩子多做"听命令做动作""听指示画图""复诵数列"或"朗诵文章"等游戏，让他们学习将所听到的话有组织地储存在脑中，然后再将这些知觉印象有条理地运用到日常生活中去。

儿童感觉统合失调的危害

Ayres博士曾对一批年龄集中在3~13岁的儿童进行研究，研究发现，大概有约30%的儿童出现了不同程度的感统失调问题，而引起该症状的原因并不是儿童智力的问题，也不是教育上的问题，而是来自大脑功能发育的不成熟，与大脑整合功能不完善不健全有关，需要进行感统训练来加以矫正。另外，在我国，随着独生子女及剖腹产儿童的增多，儿童感觉统合失调的发生率有逐年上升的趋势。

20世纪70年代末，欧美一些发达国家已经开始对儿童进行感统能力的综合训练，现在已经发展到每个学校都设置感统训练的课程，因为他们认识到，如果儿童感统能力发展不协调，将会对孩子的一生产生不利的影响。

儿童感觉统合失调在孩子幼年时也许不会表现出来，但到了学龄期，就会在学习能力和性格上出现障碍。这样的儿童即使有正常或超常的智商，但也会由于大脑的协调性差而影响注意力和记忆力，影响儿童言语表达和人际交往，影响儿童学习、生活运动的完成，影响孩子智力和学习能力的发展，妨碍正常的成长发育。

前庭平衡功能失常的孩子容易多动、不安、无法集中注意力、小动作不断；情绪不稳定，容易与人起冲突；爱挑剔，很难与其他人同乐，也很难与别人分享玩具和食物，不能考虑别

人的需要。有些孩子还可能出现语言发展迟缓的情况，说话词不达意，语言表达困难等。

触觉过分敏感或过分迟钝的孩子害怕陌生的环境，喜欢吮手、咬指甲；爱哭、爱玩弄生殖器等；过分依恋父母，容易产生分离焦虑；或过分紧张，喜欢碰触各种东西；有强迫性的行为（一再地重复某个动作）；缺乏自信，遇事容易消极退缩；表达能力较弱；偏食或暴饮暴食、脾气暴躁。

任何感觉统合失调都会造成本体觉失调。本体觉失调的孩子方向感差，容易迷路，容易走失，不能玩捉迷藏，闭上眼睛容易摔倒，站无站姿、坐无坐相，容易驼背、近视，过分怕黑。

动作协调不良的孩子动作协调能力差，走路容易摔倒，不能像其他孩子那样会滚翻、骑车、跳绳和拍球等。

精细动作不良的孩子不会系鞋带、扣纽扣、用筷子，手脚笨拙，手工能力差。

视觉感不良的孩子为尽管能长时间看动画片或者玩玩具，但是语言表达却不流利，阅读儿童读物也经常跳读或漏读或多字少字；写字时偏旁部首颠倒，甚至不认识字，学了就忘，不会做计算，常把数或字颠倒写，例如：把9写成6，把79写成97，把"朋友"写成"友朋"，常抄错题、抄漏题等。

因此，孩子一旦出现感觉统合失调的情况，一定要积极及时的让孩子参与到感统训练中，年龄越小优势越大。最重要是

找出其根本原因，由于孩子行为上大多已产生多重困难，不易判断真正原因及其不足程度。目前大多采用生活资料核对法，由父母或教师针对幼儿行为填写核对表，再由有经验的专家对比，以判断其原因，但由于填写者本身能力问题，常会有所偏差。若能直接观察孩子的身体及行为，正确性更高。其实孩子的任何表情、动作都在反映其身体及神经组织的需要，观察者最重要的是不能批评幼儿，要安静而客观检视孩子的行为，便可直接了解其原因和不足程度了。

孩子多动、多话、胆小、焦躁其实都是一种自我治疗，只是在环境不正确互动下，可能挫折更多，需要大人做有系统的帮助。治疗也绝非僵化、固定的模式，而是要依照孩子身体的需要，触动其身体能量正确动作，以发挥其身体自动自发的自疗效果，才能真正协助孩子解决困难。

如何判断孩子是否感觉统合失调

人类的感觉包括视觉、听觉、嗅觉、味觉、触觉等。人通过相应器官从外界获取信息，然后将这些信息传给大脑，经过大脑对这些信息进行解释、分析组合等加工处理，从而指挥人做出适当的反应完成各项活动，这一过程就是感觉统合。婴幼儿时期的感觉统合学习几乎占据了一生中的80%，一旦这些感

觉失灵了，不能将各种信息准确无误地传入大脑，就是感觉统合失调。

那么，在家庭教育中，我们该如何判断孩子感觉统合失调呢？下面介绍了感统失调孩子的一些日常表现。

（1）孩子小动作不断、跑跑跳跳，横冲直撞。无论何时，他都喜欢做各种小动作、不安分地坐着或站着，总是跑来跑去、横冲直撞，且完全不顾周围的情况是否危险，还有些孩子甚至喜欢膝盖撞地板，咬人，撞头，下巴用力顶住妈妈的手等，很多都是危险的行为。

（2）孩子经常自转，摇头晃脑。如果我们成年人围绕着一个物体转可能会头晕，但是感觉统合能力失调的孩子则不会，他们可以旋转几十圈甚至上百圈都不会晕；或者一直摇头，还一边很兴奋地笑；有些小孩还喜欢像风一样到处跑，像弹簧一样跳不停，非常好动且坐不住。这样的情况总让爸爸妈妈苦恼不已。

（3）孩子喜欢到处摸，拍一下路人，摩擦墙壁；或者不喜欢别人碰自己，什么都不敢摸，紧张焦虑。不管是在上学、逛街、走路，孩子的手一直没有停止去触摸。他或许拔拔花花草草，碰碰水果摊的水果，或许扯扯时装店的衣服，抓抓卖场里的米粒、绿豆，甚至有时候摸摸路人的大腿或包包。

（4）孩子拒绝接触任何东西，甚至连妈妈的拥抱、牵手都显得不乐意。理发会哭，衣服湿了会哭，不穿袜子会哭，鞋子

进沙子会哭，别人靠近都显得紧张抗拒。

（5）孩子着迷看灯、看闪闪的东西、看着自己的手玩。爸爸妈妈会发现自己的孩子似乎对一切都不感兴趣，只喜欢玩自己的手；喜欢看外面的光，玩具也专门挑有灯光的看，只是看而不是玩，似乎有得看就满足了，还会莫名兴奋，让周围的人莫名其妙。

（6）孩子害怕喇叭声、吸尘器声等高亢尖锐的声音，还会留意到很多细微的声音，楼上的流水声、时钟的滴答声、风扇摇晃声……往往听到这些声音的时候，孩子会处于一种紧张的状态，会捂住耳朵，或者一直问妈妈这是什么声音。又或是注意力完全在声音上，整个人呆呆的，给学习和生活造成很大影响。

（7）孩子总是有气无力的，能坐就不站，能躺就不坐。孩子总是拿不稳东西，还经常打翻东西；走路不稳，容易摔跤。

以上种种，仅仅列举了一些常见的情况。通常感觉统合失调的小朋友不单单有一种情况，而是很多种情况混合在一起，而这些情况的出现虽说很大一部分原因是感统失调造成，但也不排除是其他因素，例如刻板行为、动机问题，或是以前经历所导致。

一些人可能误以为感统能力失调，孩子就会存在智力上的缺陷，其实不然，感统能力失调只是抑制了孩子各方面能力的

发展，比如，学习能力、运动技能、社会适应能力等方面。而由于这些孩子心理总处于一定的紊乱状态，所以学习和生活质量会不断下降。尤其是到了学龄期，在学习能力和性格上出现这样那样的障碍，导致学习能力下降。

第 03 章

什么是感觉统合训练

　　所谓感觉统合训练，顾名思义，主要是对人类最重要的感觉系统如触觉、前庭平衡训练、运动感觉等项目的训练，感觉统合训练对改善儿童注意力集中程度、运动协调能力和提高学习成绩等都具有明显效果。那么，什么是感觉统合训练呢？家庭中的感觉统合训练又该如何进行呢？带着这些问题，我们来看看本章的内容。

什么是感觉统合训练

感觉统合训练是指在游戏中帮助孩子建立对外界信息的正确的条件反射，它不仅是一种严格的训练，更是一种有趣的实验，正因为如此，很多孩子都愿意参加。

感觉统合训练有很多部分，包括给予儿童前庭、肌肉、关节、皮肤触摸、视、听、嗅等多种刺激，并将这些刺激与运动相结合。

感觉统合训练涉及心理、大脑和躯体三者之间的相互关系，而不只是一种生理上的功能训练。儿童在训练过程中获得熟练的感觉，逐渐增强自信心和自我控制的能力，并在指导下感觉到自己对躯体的控制，由原来焦虑的情绪变为愉快，在积极积累经验的基础上，敢于对意志想象进行挑战。

儿童进行感觉统合训练前，首先应由专家测查孩子的感觉统合能力和智力发展水平，然后制订一对一的训练方案，通过一些特殊研制的教具，以游戏的形式对孩子进行一系列的行为和脑力强化训练，使儿童能充分感知各种刺激，在大脑中进行感觉的统合，促进全方面的发展，提高注意力、记忆力、自我控制能力、概括推理能力等。

如果专家建议孩子进行专门的训练，那么孩子将在训练周

期内得到训练人员的专业指导，如针对孩子的薄弱方面进行大量的强化训练，专业的训练设计，专业的心理引导，提供安全有趣的训练活动，帮助孩子对各种感觉输入产生有效的响应，整合好复杂信息，提高脑能。

　　一般来说，3~13岁是"感觉统合失调症"最佳治疗时间。感统失调的孩子经过1~3个月的训练，就可以取得明显的效果。

感觉统合训练对儿童成长的积极意义

　　作为父母，我们应该知道，感觉统合能力失调并不会随着年龄的增长而自然消失，需要在适当的年龄阶段给予必要的矫正。而且，感觉统合失调在日常生活中训练效果最好。

　　为了帮助孩子恢复感统能力的协调，一些家长会将孩子送到专业的机构进行训练，但其实，感觉统合训练主要是一种教育训练，而不是一种医疗救治。父母不要认为花了钱，就是对孩子的责任与教育。我们应该先求助于专业人员，从他们那获知如何对孩子进行感统能力失调的训练，然后回到家里亲自承担训练责任。在日常生活中进行训练，针对孩子感觉统合的薄弱处，选择相应的游戏，进行有重点的、循序渐进的训练。这些方法通常既简单省钱，又科学有效。

那么，感觉统合训练对于孩子的健康成长有哪些作用呢？

1. 提高儿童学习成绩，改善其厌学情绪

儿童经过一段时间的行为集中感统训练后，动作变协调，情绪变稳定，注意力也会得到改善。对于学习困难的儿童，参加感统训练后学习成绩会显著提高。

2. 对脑神经生理抑制具有改善作用

感觉统合训练主要通过改善儿童的手眼协调能力，使运动速度和稳定性都得到提高，增强中枢神经系统对运动的协调能力。感觉统合训练对提高儿童精细操作能力、视觉辨别能力和反应能力均有明显作用。

3. 提高运动协调能力

对于运动平衡能力差及动作不协调的孩子来说，经过感统训练后，他们的运动协调能力有了显著改善。这就是为什么感统训练对脑瘫患儿非常有帮助的原因，孩子越小效果越好。

4. 促进触觉系统的发育

无论是触觉敏感还是触觉迟钝，经过针对性强的感统训练，都可以改变孩子胆小、爱哭、脾气暴躁和人情冷漠的状态。感觉统合训练在促进婴幼儿的大脑发育、运动的协调、智力的提高方面具有很重要的作用。

感统训练之所以有这样的作用，关键是同时给予儿童视、听、嗅、触、关节、肌肉、前庭等多种刺激，并将这些刺激与运动相结合，同时有专业的感统训练老师的指导。这样一来，

感觉统合训练对改善婴幼儿的注意力集中程度、运动协调能力和提高学习成绩等都具有明显效果。

感觉统合训练的目标

感觉统合训练有三个方面，包括提供前庭、本体和触觉刺激的活动。训练中指导儿童参与各种活动，这些活动是对儿童能力的挑战，要求他们对感觉输入做出适应的反应，即成功的有组织的反应。新设计的活动逐渐增加对儿童的要求，使他们做出有组织的反应和更成熟的反应。在指导活动目标的过程中，重点应放在自动的感觉过程上，而非指导儿童如何做反应。在一个学习活动中，涉及的感觉系统越多，学习的效果越好。

感觉统合训练过程几乎总是让儿童感到愉快，对儿童来说，治疗就是玩，成人也可以这样认为。但训练同时也是一个重要的工作，因为训练中有老师或训练人员的指导，儿童不可能在没有指导的游戏中取得效果。设计一个游戏气氛不只是为了愉快，更是为了让儿童愿意参与，从而使他们从训练中收获更多，包括一个肯定的成长经验。

为此，我们在对儿童进行感觉统合训练的过程中，要力求达到这样的目标：

1. 提高自控能力

感觉统合训练不仅是对生理功能的训练，还涉及心理、大脑和躯体之间的相互关系，孩子通过训练可增强自信心和自我控制能力，情绪变得稳定，注意力有所改善。

2. 提高学习能力

感觉统合训练的关键是同时给予孩子视、听、嗅、触、关节、肌肉、前庭等多种刺激，并将这些刺激与运动相结合，让孩子做出正确的反应。感觉统合训练对改善孩子注意力集中程度、提高学习成绩等都具有明显效果。

3. 提高身体的协调能力

感觉统合训练对孩子运动平衡能力差及动作不协调的训练效果非常显著。

4. 提高适应环境能力

通过感觉统合训练，孩子与环境产生互动，有助于孩子认识物体的形状、颜色、质感、声音等，有助于提高孩子认识自己身体的能力，有助于孩子应变能力、协调能力、平衡能力的发展。

5. 促进孩子心理成长

在感觉统合游戏中，孩子有大量与其他小朋友玩耍的机会，这可培养孩子合群、开朗的个性。当孩子能掌握并独立完成各种游戏和活动时，会由此获得鼓励和赞扬，其自尊心得到了满足，也有了成功的体验，并感受到其中的乐趣，孩子得以

宣泄能量和情绪，有助于身心的发展。

感觉统合训练要遵循什么样的原则

对于感觉统合失调的孩子来说，有必要对其进行感觉统合的训练，而感觉统合训练的关键是同时给予儿童前庭、肌肉、关节、皮肤触摸、视、听、嗅等多种刺激，并将这些刺激与运动相结合。然而，感觉统合训练不是盲目的，而是在一定的原则基础上进行的。这些原则贯穿感统训练的始末，对训练有着非常重要的指导意义和促进作用。

1. 顺应性原则

如果儿童的顺应性反应发展良好，那就可以促进组织协调能力的提高，并使儿童的大脑处在一种有条理的清晰状态中。而且，每一种顺应性反应又会引起进一步的感觉统合，儿童为了统合这些感觉，就会试着顺应它们，如此便形成一个良性循环，避免感觉统合失调，对感觉统合的发展很有好处。

2. 内驱力原则

内驱力，是建立在儿童内心需求的基础上，对其自身产生的一种紧张或唤醒状态。在感统训练中，我们注重对儿童内驱力的开发，可以激发儿童改变自己内在的兴趣和欲望，并积极参与到训练中去。

3. 快乐原则

良好的情绪是大脑思维的润滑剂，所以在感统训练中，老师会尽量满足儿童对"快乐"的心理需求，让孩子在轻松愉快的环境中，提高感统能力。

4. 以儿童为中心的原则

在训练中，老师们会以儿童的生长发育规律为中心，尊重儿童的发展差异，学会从儿童的角度看问题。

5. 培养信心的原则

自信，是有利于感统训练的一种心理素质。所以在感统训练中，老师们会经常用积极、正面的赞扬和肯定目光鼓励儿童，让儿童感到喜悦，帮他们逐步培养起对训练的信心。

6. 因人而异原则

感觉统合训练的内容应根据孩子的年龄和失调的特点进行设计，但是一定要适合孩子，有一定的针对性。

7. 循序渐进原则

训练活动的安排应从孩子感兴趣的活动切入，由易到难地安排，循序渐进，这样可以避免孩子一开始遭遇挫折就拒绝训练的情况发生。

8. 游戏性原则

训练中要把感觉统合训练的器械当作玩具，要使每一种器械创造出更多生动有趣、轻松愉快、一物多用的玩法。把训练寓于游戏之中，唤起孩子强烈活动的愿望，以预防或矫正孩子

的感统协调性问题。

　　总之，感觉统合训练就是要用耐心培养孩子的兴趣，建立孩子的自信心；要让孩子在游戏中感到快乐，自动自发才有效；因人而异，让孩子每天都有多样的感觉刺激。

家庭中的感觉统合训练如何进行

　　感觉统合失调的孩子表现大体相似，主要原因是信息的接收、处理、反馈存在一定的障碍，那么就需要通过感觉统合训练来帮助孩子改善问题、提高能力，为孩子的未来搬开感觉统合失调这块绊脚石。当然，孩子越小，其神经的可塑性越强。所以，家长要抓住时机，做一些专业的感觉统合训练，让孩子的能力稳步发展。

　　在家庭中的感觉统合训练主要还是以游戏的方式为主，同时辅助学习语言、认知等。对此，我们可将感觉统合训练分为前庭觉训练、本体觉训练、触觉训练三类。

1. 前庭觉训练

游戏一：安坐独角凳抛接球

训练目标：身体平衡、专注力、手眼协调

玩法介绍：

　　（1）孩子坐在独脚凳上，与家长互动抛接球，每天练习10

分钟。

（2）孩子坐在独脚凳上，伸出自己的一只手，然后一只脚抬起来踢自己的手。

游戏二：滑滑板车捡球

训练目标：前庭觉刺激、四肢大肌肉力量、颜色数量认知

玩法介绍：

（1）孩子盘腿坐在滑板车上，双手向前滑。

（2）孩子趴在滑板车上，双手向前滑，同时双腿抬起不碰地。

游戏三：玩转椅投篮

训练目标：前庭觉刺激，手眼协调

玩法介绍：

（1）孩子坐在转椅上转动，同时要把波波球投进篮筐里。

（2）孩子坐在转椅上转动时，家长扔球给孩子，让孩子接住。

游戏四：袋鼠跳

训练目标：前庭觉刺激、大运动练习、身体重心平衡

玩法介绍：

（1）除了让孩子直线袋鼠跳外，也可以跳"N型""S型"曲折线。

（2）设置障碍物，让孩子绕过障碍物。

游戏五：走独木桥

训练目标：前庭平衡锻炼、肢体协调控制

玩法介绍：

（1）可以用勺子托着玩具鸡蛋走独木桥，鸡蛋和人都不掉下来。

（2）放一包纸巾在平衡木上，孩子用脚慢慢踢着纸巾走，纸巾不能掉下来。

2. 本体觉训练

游戏一：拍球

训练目标：手眼协调和本体觉

玩法介绍：

（1）最简单的就是让孩子自己拍球，若能连续拍球，速度控制得好，快慢全凭孩子掌握，那训练就非常棒！

（2）拍球绕障碍物，准备一些小凳子，随机摆放，凳子之间距离足够孩子拍球能过去，反复练习。

（3）右手拍完左手拍，或者能力好的可以左右交叉拍球。

游戏二：跳数字

训练目标：下肢协调和本体觉

玩法介绍：

（1）可以让孩子按照顺序，从1跳到10。

（2）难一点的玩法：左脚跳到1，右脚跳到2等。

（3）要是孩子会10以内的算术，可以玩算术题：1+2=3，家长说题，孩子算题，然后跳到正确的答案上。

游戏三：悬杯倒水

训练目标：手部精细动作和本体觉

玩法介绍：

（1）把一杯水倒进另一个空杯子。

（2）把一杯水倒进瓶子里。

（3）孩子左右手各拿半杯水，一起倒进空杯子里。

3. 触觉训练

游戏一：玩大米、抓豆子、玩沙子等

训练目标：强化触觉感知、增加手部精细动作

玩法介绍：

（1）用手在大米或豆子里随意搅动。

（2）沙子里加水，孩子可以堆房子、堆小人等。

（3）把黄豆放盆里，加水，让孩子把豆子捞出来。

游戏二：摸出带贴纸的积木

训练目标：通过触觉感知判断积木上有无贴纸

玩法介绍：

（1）在积木上贴贴纸，闭上眼睛，让孩子摸出来。

（2）准备三角形、圆形、方形、四叶草形、心形积木，让孩子闭上眼睛通过触觉感知积木的形状。

游戏三：触觉刺激

训练目标：改善触觉失调

玩法介绍：

（1）触觉敏感的孩子：可以用手给予孩子轻快的抚摸，直到孩子适应后换成柔软的毛巾轻快的擦全身。

（2）触觉迟钝的孩子：用触觉刷给予孩子肢体挤压触刷，以改善孩子的触觉。多让孩子接触不同质地的物品，增加孩子的触觉辨知。

总的来说，感觉统合失调会导致大脑无法合理安排身体的动作，包括注意力、自我控制力、协调能力等，孩子的认知能力和适应能力也会受到影响，更别说完成更高级的活动了，而

我们对孩子进行感统训练，方法有很多，主要还是以游戏的方式为主，并且根据孩子的感觉统合发展水平而设计训练孩子感统能力的活动项目。

在感统训练的过程中，孩子会根据设置的特定环境做出反应，以促进大脑功能完善，预防或纠正感觉统合失调现象，从而刺激其感觉统合能力的发展。当然，对孩子进行感觉统合失调的训练，我们要根据孩子的不同年龄和不同"问题"进行，做到具体问题具体分析，不可眉毛胡子一把抓，只有这样，才能有针对性地帮助孩子获得感统能力的改善和提高。

第 04 章

了解三大感觉系统的功能与失调表现

一般来说，随着孩子的成长，他们的视觉、听觉、嗅觉及味觉，通常会顺利发展出各自的功能，帮助孩子接收外在的信息，所以，孩子每天醒来自然就会看、会听、会闻到味道、会吃东西，因此，这四个感觉系统不大容易被关掉或被忽略，但是感觉统合里的触觉、前庭觉、本体觉则是三个容易出现失调的系统，也是最基本的三大感觉系统，那么，这三大感觉系统是如何工作的？一旦失调又有什么表现呢？带着这些问题，我们来看本章的内容。

前庭系统与其功能

前庭系统（vestibular system）是存在于人的内耳中分管人的平衡能力的一组装置，主要由椭圆囊、球囊和三个半规管组成。由于上半规管与后半规管成直角，两者又与水平半规管互成直角，因此对任一方向的旋转运动都易觉察。椭圆囊和球囊内的感觉区叫囊斑，由感觉细胞的"平板"组成，被一种含有碳酸钙的"耳石"的胶状膜覆盖。

从解剖学的角度看，我们发现，椭圆囊斑对重力加速度特别敏感，像头部或身体倾斜时所感受到的那样，对非适宜性刺激，如温水、冷水或电刺激也发生反应。因此，在前庭动能的实验上，冷水和温水实验是常用的一种方法。

人的前庭系统包括三个方面，比如前庭感受器、前庭神经节和前庭核及相应的脑皮层。前庭感受器包括球囊、椭圆囊和三个半规管，分别感受不同方向的直线加速度和角加速度的刺激，通过前庭神经传入前庭核，再通过与其他中枢的联系，发出相应的反应，来维持人体平衡。半规管壶腹嵴接收角加速度刺激，圆囊斑和椭圆囊斑则感受直线加速度，包括重力加速度和切线加速度的刺激。有些工作则需要具备高度的前庭功能才能胜任，如宇航员、飞行员、海员、体操运动员、芭蕾舞演

员、武术杂技、登高作业、跳伞人员等。这些人员都需要经过严格的选择和特殊训练，避免事故发生。

人的前庭功能概括地讲包括三个方面。首先，是感受人体在三维空间的位置，包括前后、左右和旋转运动，即使闭眼也可以感受到。其次，前庭系统正常可保持清晰的视野。当头转动时，通过前庭眼球反射运动，黄斑部对准物像，产生清楚的视觉。最后，前庭系统能维持人体正确的姿势，维持平衡而不使其跌倒。

那么，前庭神经系统有哪些功能呢？

1. 维持平衡

我们在行、跑、跳等运动中，能保持身体的协调而不至于摔倒，并且能在遇障碍物时迅速给出反应，这要靠前庭功能的维持。

2. 使眼球成功对焦

我们的身体在进行运动时，能及时察觉周围的情况，比如地面的高度，避免跌倒或碰撞，这也要依赖前庭神经系统的功能。

3. 让大脑时刻保持警醒状态

在我们快速改变方位时，我们的前庭也会受到刺激，进而刺激外面的大脑网状神经系统，使人精神兴奋，提高警醒度。例如：我们将婴儿举高的时候，他会兴奋大笑；相反，妈妈抱着婴儿慢慢摇晃，婴儿会感到安全舒适、恹恹欲睡。

4. 维持正确姿势

良好的前庭神经系统可以发展和维持肌肉张力，使腰肌的肌肉张力能够将脊柱挺直，不至于弯腰驼背。肌肉张力太低会导致坐姿不正确，例如：写字、吃饭用手支撑着头，易感到劳累。

5. 发展出身体两侧协调能力

两手或身体两侧共同协调动作的时候，能自然平衡。例如：粘贴，右手拿剪刀，左手拿纸张，两手协调准确；骑脚踏车或轮滑时，身体平衡自如。

6. 有效整合多种能力

（1）影响视觉、空间知觉和方位感。比如，如果儿童潜艇功能发展协调的话，他在写字时能写出大小正常和字体工整的字，并且间距恰当，并保证字写在格子内。

（2）影响听觉和语言的发展。前庭神经核听觉神经共用内耳当作感觉接收器，又共同由前庭耳蜗前庭神经传导，前庭神经功能可以促进听觉处理功能，幼儿通过跑跳、荡秋千等活动的前庭刺激，促进听觉神经更成熟，更有效率地处理信息，同时提升语言的表达能力，增进语言的使用频率。

（3）影响警醒度与专注力。前庭神经刺激进入网状神经系统，这是大脑的警醒中心，使人清醒。前庭刺激活化网状神经系统，形成安全及抑制的功能，让幼儿排除别的刺激，专注在应该集中注意力的地方。

（4）影响动作的发展。前庭神经系统影响肌肉的张力，对全身大小肌肉发展有直接关系，而高技巧的动作所需的精准时间、顺序和方位速度感也都取决于前庭神经系统。

（5）影响幼儿的情绪。幼儿的自尊心、自信心都和他的游戏、体能、活动效果满意度有关，能够胜任游戏就会产生喜悦感、成功感，否则，会带来负面情绪。

（6）影响幼儿的睡眠。适当的前庭神经刺激可以调节儿童睡眠的质量。

前庭系统功能失调的表现

我们人类的很多动作能力，比如追、赶、跑、跳、蹦等都依赖于我们的前庭系统功能，前庭神经系统的功能。溜轮滑、滑滑板、骑单车等，都是前庭神经系统成熟运作的成果。那么，一旦人的前庭系统功能失调，会有怎样的表现呢？

1. 前庭敏感

最常见的表现是喜欢静态的游戏，无法做旋转类的动作，并且晕车。

2. 前庭迟钝

这与第一种完全相反，这类儿童好动且旋转时不感到头晕，似乎察觉不到危险。上课时往往也表现为好动、冲动、坐

不住，无法集中注意力，对于教师上课的内容更是记不住。

3. 重力不安感

这类孩子不爱爬高，即便是上下楼梯这样简单的行为，也缺乏安全感，并且要努力抓牢扶手，喜欢控制大人，行为固执且霸道。

4. 平衡感差、运动不协调

无法单脚站立，或者一单脚站立就容易摔倒，另外，在一些运动中，比如进行跳高、跳远、骑自行车等活动时，会表现得动作不协调、笨拙。

5. 身体两侧动作协调差

这类孩子常常让人觉得他的左右部分不是一起的。比如撞到桌子等其他东西，大肌肉方面发展差，常常会撞到物品；在小肌肉方面，如写字握笔等掌握也比较慢，做一些左右手交替使用的活动时，常常完成情况不好，甚至画一条横线时也会在画的过程中换手画。

6. 前庭失调还会导致肌张力低

前庭功能失调会导致人的肌张力低，这样的孩子会觉得浑身无力，总喜欢趴着、躺着，或者用手肘撑着头，总感觉力气不够。

7. 视觉听觉分辨能力弱、空间判断不佳

前庭功能会帮助我们判断位置和方向的改变，所以前庭功能失调也会影响孩子听觉和视觉方面的发展。在听觉方面，孩子可能无法正确辨别声母和韵母的差异，例如拼音里b和p的发

音，甚至常常不记得听过的话，对于自己想表达的内容也常常表达不出来。在视觉方面也会常常看错看漏、跳行漏字。

8. 视觉空间感知能力偏弱

孩子常常容易对上下、左右、前后的空间位置判断不佳，字和字之间的间距或汉字偏旁部首写的歪歪扭扭；阅读的时候也容易跳行跳字，家长常常以为是注意力不集中和不细心的问题，导致在学习上更加严格要求孩子，结果往往适得其反。

另外，长期前庭失调的孩子，也很容易产生焦虑、不安的情绪、缺乏自尊心和自信心，对挫折的忍受度低，一点不顺就想要放弃，不愿意尝试新的活动。因此在交朋友方面也会有困难，会逃避和别人互动，或者不知道怎么回应别人的邀请。

当然，一些轻微前庭失调的行为表现，会随着年龄的增长慢慢改善，但大部分前庭失调可能会影响孩子的一生，影响孩子探索世界的信心和勇气，进而影响学习和生活，认知、情绪和生理的发展也会受到影响。如果孩子有上面类似的问题，家长要重视。

触觉系统及其功能

在日常生活中，我们在接触某个物体时，就会产生触觉，比如是冷还是热、是柔软还是粗糙等，而这个过程是经过大脑

处理过的，也就是我们说的触觉系统。

那么，什么是触觉呢？

触觉是接触、滑动、压觉等机械刺激的总称。我们通过皮肤与外界接触而获得信息，这些皮肤是遍布我们全身的。我们接收外界信息的方式有很多种，比如触碰、皮肤伸展、重压、震动、移动、温度、疼痛等这些都是外部感觉，然后传递给我们的大脑，大脑经过处理，再做出相应的反馈。这就是触觉系统。

触觉一直是演化过程中占有主导地位的感觉，不仅仅在出生时占有主导地位，而且在整个人生中也会持续对身体的运作产生影响。如果触觉失调，将会对人产生重大影响，甚至无法感知事物。

人体神经中的触觉小体又称Meissner小体，分布在皮肤真皮乳头内，以手指、足趾的掌侧的皮肤居多，其数量可随年龄增长而减少。触觉小体呈卵圆形，长轴与皮肤表面垂直，外包有结缔组织囊，小体内有许多横列的扁平细胞。髓神经纤维进入小体时失去髓鞘，轴突分成细支盘绕在扁平细胞间。

人的皮肤与神经系统之间有着极为密切的关系，当我们还是胚胎状态时，是由三层特殊的细胞组成。第一层（中胚层）将形成肌肉和骨骼；第二层（内胚层）将形成人体内脏器官，如胃、肠和肺等；第三层（外胚层）将形成人体神经系统和皮肤。因此，人体的皮肤与人的大脑是同一组织产生且发展出来的，我们的皮肤可以看作是人脑的外层，或是人脑的延伸部

分。皮肤极其丰富的感觉感受器就是有力的证明。

触觉，是人类的第五感官，也是最复杂的感官。触觉中包含有至少十一种截然不同的感觉，皮肤上有数百万计的感觉末梢，每一小块皮肤都与另一小块皮肤不同，每一小块皮肤上感觉器官分布的数量也不同。因此，对于疼痛、冷、热以及其他的感觉也不相同。如果两个手指并成一对或两指同时按在一个人的后背上，他或许不能断定别人是放了一个手指还是两个手指。人的背部的轻度触觉末梢器官要比分布在皮肤其他部位上的数量少，病人对于背部疼痛的确切位置常常说不清楚就基于此。但奇怪的是，这块缺少触觉末梢的区域，反而特别容易收到心理上的感应。人的直觉的反射产生于背部的肩胛骨之间，预感产生于肩峰。

触觉系统对于人类的生理、心理、情绪的影响深远，每个人从出生开始，都需要持续的感觉刺激，才能让我们的身体有组织地持续运作，所以触觉与我们的生活息息相关。

触觉系统失调的表现

前面一节中，我们已经提及触觉的定义以及触觉系统的功能，如果触觉系统安然有序地工作，那么，我们就会有准确的触感，相反，就是触觉系统失调。

所谓触觉系统失调，是指体表受到接触刺激（压力和牵引力）作用于触觉感受器而未能引起触觉的现象。触觉作为人的一种重要感觉的基本功能，可通过触觉来认识客观事物，特别是人手的触摸觉，不但是认识器官，还是劳动器官，在人的生活实践中起着重要作用。触觉失调分为两种：触觉敏感和触觉迟钝。

触觉敏感的儿童一般会表现出对外界的新刺激适应性弱，喜欢在熟悉的环境和动作中；喜欢保持原样，总是重复语言、重复动作，对任何新的学习都会加以排斥；人际关系冷漠，常陷于孤独之中；怕人，远离别人；害怕拥挤，拒绝排队；不喜欢被人触摸或抚摩；胆小，害羞，缺乏自信；不喜欢碰触某些粗糙的衣料或物品；怕风吹，空气流动会使其汗毛拂动并产生痒的感觉；大热天也要穿长袖衣服；常拒绝理发、洗头或洗脸；挑食偏食；用指尖拿东西；个人空间太大，对不经意的碰撞会反击；人际关系紧张，注意力不集中，难以专心，动荡不安等。这种儿童个性孤僻、不合群，在团体中很难交到朋友，容易与人发生冲突、争吵，攻击性强，经常欺负别人。

触觉迟钝的儿童一般反应慢（拖拉行为的生理基础），动作不灵活，笨手笨脚，大脑的分辨能力弱，缺乏自我意识，学习积极性低下，所以也表现出学习困难、人情冷漠等问题。还表现为黏人，喜欢搂搂抱抱，需要父母特别多的抚摸；总喜欢摸别人的脸或某个玩具、卧具等，否则不肯入睡；细微分辨能

力差；发音不清楚；缺乏安全意识，意外碰伤或流血时，自己常未察觉；对打骂不在乎，过分喜欢碰触各种东西，有强迫性的行为，一再地重复某个动作等。

在医学上，触觉系统失调一般会做以下检查：

1. 实验室检查

（1）脑脊液检查可有助于带状疱疹后神经痛、蛛网膜炎的诊断。带状疱疹后神经痛早期可见白细胞轻度升高，以淋巴细胞为主，蛋白中度升高，蛛网膜炎蛋白通常增高。

（2）病毒抗体检查皮疹刮出的水痘，带状疱疹病毒抗体检查有助于带状疱疹后神经痛的诊断。

2. 影像学检查

（1）CT可用于脑性瘫痪的诊断，检查可见脑发育不良、脑室旁白，质软化症及其他脑组织异常等改变。

（2）选用MRI诊断蛛网膜炎MRI，具有高敏感度和高特异度，可见脊膜增厚或强化，可能伴有神经根受压和粘连的征象。

3. 体格检查

触觉检查：用棉签轻触患者的皮肤或黏膜，检查患者有无触觉的异常改变。

4. 其他检查

（1）脑电图对于确定脑性瘫痪是否合并癫痫及其风险有重要意义。

（2）肌电图可以确定周围神经、神经元、神经肌肉接头及肌肉本身的功能状态，可以协助确定神经损伤的部位、程度、范围等。有助于带状疱疹后神经痛、特发性面瘫等疾病的诊断。

触觉失调可以通过以下措施治疗。

1. 洗澡游戏

（1）冷热水刺激：在安全范围内，让孩子感受不同的水温带来的刺激，可以主要由手来感受，家长也可先做示范，并观察孩子的表现。

（2）梳头游戏：用梳子的尖端刺激孩子的头皮，并顺势梳头，也可以让孩子自己来，对手指的精细运动和了解自身形象都有帮助。

（3）麻布刷身游戏：用麻布以中等力度刷孩子的手臂、前胸、后背、足部，可以边讲故事或唱歌，保持轻松氛围，以免孩子紧张。也可用毛巾、海绵、软刷子等替代。

2. 抓痒游戏

让孩子躺在床或沙发上，抓挠他的腋下、胸口，依孩子的反应来控制用力的大小和刺激的强度。如果连一些常需接触他人的部位也有强烈的反应，则需加强此游戏。

3. 毛巾卷游戏

找一条略微粗糙的大毛巾，将孩子整个卷起来，再轻轻滚动或下压，也可用双手轻轻抱紧孩子身体的各部位，强化各部位的触觉感受。

4. 沙土游戏

将淘洗干净的细沙放在大盆里，让孩子在里面玩耍，尤其要适当增加沙土与孩子身体的接触面。沙土可由纸、树叶、米、豆等代替，此种游戏更适合在沙滩上进行，鼓励孩子在沙土中建立自己理想中的世界。

5. 垫上游戏

让孩子在地毯上双手抱头，向左右两个方向滚动，对运动触觉、自我形象都有益。另外，还可练习前滚翻和后滚翻，对触觉、动作平衡、协调都有帮助。

6. 小刺球游戏

用带突起的小刺球在孩子身上滚动或轻压，四肢和前胸可以由孩子自己来完成，后背则由家长辅助进行。

本体觉系统及其功能

本体觉是指能告诉我们关于位置、力量、方向和身体各部位的动作，以及有助于统合触觉与前庭觉的一种感觉信息，其涉及肌肉、关节、韧带等身体运动重要环节。本体觉不是天生就高度发达的，是通过后天发展，在触觉与前庭觉得到良好发育后，才得以丰富起来。

本体觉系统的肌肉感觉系统同时与触觉及前庭平衡觉紧密连接，本体觉可将触觉和移动的感觉连接一起，三觉的关系相当紧密。因此，有些专家有时候会将这些感觉处理过程称为"触觉本体觉"（指同一时间对于触觉与身体位置的感觉，如判断杯中水的重量，握笔写字等都需要这项技能）和"前庭本体觉"（指孩子移动时，同时对大脑与身体位置的感觉，如丢

球，接球等）。

我们的反射、自动回应、计划性的动作（动作执行）都需要使用本体觉。简单来讲，本体觉越好，对身体运用越好，协调性越好，运动能力就越强；反之，身体协调性就差，如同手同脚，容易摔倒等。

那么，人体本体觉系统有哪些传导类型呢？

躯干和四肢的本体觉传导路可分为意识性和非意识性两种。

1. 意识性本体觉传导路

意识性本体觉传导路能将本体觉传至大脑皮质，从而感知机体在空间的位置和运动的方向。此传导路还传导精细触觉（包括辨别皮肤两点距离的两点辨别觉和辨别物体形状、大小、软硬和纹理粗细等的实体觉）。它由三级神经元组成。

第一级神经元胞体位于脊神经节内，为假单极神经元，其周围突组成脊神经的感觉纤维，分布至躯干、四肢的肌、腱、关节等处的本体觉感受器和皮肤的精细触觉感受器。中枢突经后根，进入脊髓同侧的后索上行，其中来自第四胸节段以下的纤维在后索中形成薄束，传导躯干下部及下肢的本体觉和精细触觉；来自第四胸节段以上的纤维，在薄束的外侧形成楔束，传导躯干上部及上肢的本体觉和精细触觉。薄束和楔束上升到延髓，分别止于薄束核和楔束核。

第二级神经元胞体位于薄束核和楔束核，它们发出的纤维

呈弓形前行至中央管的腹侧，在中线与对侧纤维交叉，称为内侧丘系交叉，交叉后的纤维在中线两侧上行，称为内侧丘系，经过脑桥和中脑止于背侧丘脑。

第三级神经元胞体在背侧丘脑，它们发出轴突组成丘脑皮质束，经内囊后肢投射到中央后回的上2/3和中央旁小叶的后部。

2. 非意识性本体觉传导路

此通路是把躯干、四肢的本体觉冲动传至小脑，由两级神经元组成。第一级神经元胞体在脊神经节内，其周围突分布于肌、腱、关节等处的感受器，中枢突经脊神经后根进入脊髓，分别终止后角的胸核及腰骶节段V~VII层，此两核发出的轴突进入外侧索，分别组成脊髓小脑后束和脊髓小脑前束。两束在外侧索的边缘部上行至脑干，后束向上经小脑下脚进入小脑。前束升至脑桥向上经小脑上脚进入小脑。本体觉冲动到达小脑皮质不产生意识感觉，而是反射性调节躯干和四肢的肌张力和协调运动，以维持身体的平衡和姿势。

此传导路受损时，患者闭目不能确定其相应部位的位置、姿势和运动的方向，震动觉消失，同时精细触觉也丧失。

本体觉的功能在于增加身体的意识，管理动作的控制与动作的计划能力。本体觉有助于视觉的分辨能力，我们移动越多，对于所见事物的理解能力就越强。本体觉也有助于肢体语言的表达和动作的排序，让我们以更有效率的方式移动身体。

同时也能帮助我们走路，快速跑动、拿重物，站着坐着等，让我们信赖自己身体，获得安全感。本体觉的另一项重要功能是身体警觉程度的调整，如警觉程度太高，本体觉则会让身体降低警觉程度；反之提升。

本体觉也有助于我们回复心情，让我们有条理的工作，若是其他的感觉刺激不足或遭受过度刺激，本体觉都会帮忙调整。所以本体觉是人体不可缺少的并需要高度发展的一部分。

本体觉系统失调的表现

本体觉失调指的是不能通过肌肉、皮肤、关节感受感觉的过程。因为本体觉与前庭和触觉的关系紧密，因此本体觉出现障碍几乎都会伴随触觉与前庭平衡觉的问题。有触觉或前庭平衡觉问题的孩子通常只有单一的问题，而有本体觉问题的孩子都会伴随有其他问题。

那么，本体觉系统失调有哪些表现呢？

第一，本体觉过度敏感。本体觉过度敏感的孩子不愿意伸缩自己的肌肉，他们的身体意识很差，肢体肌肉常出现僵硬紧绷的现象，无法协调。同时本体觉过度敏感的孩子也会变得挑食，之所以如此是因为有些食物咀嚼起来比较费劲，需要得到协调能力配合，但他们嘴巴的肌肉却无法获得必要的感觉信息。

主要表现：会逃避强烈的移动，不愿意伸展肌肉，肌肉经常出现紧绷状态，主动或被动的移动都会使他们焦虑。

可能出现的行为表现：

（1）逃避移动，能不动就不动，因为移动会让他们觉得不舒服或不能适应。

（2）伸展、收缩肌肉，四肢被移动都会不高兴。

（3）逃避需要承重的运动，如跳跃、跑步、爬行、滚动以及其他会给肌肉带来强烈本体觉的运动。

（4）很挑食。

（5）对身体的不安全感，例如缺乏自信，在陌生的环境中变得很胆怯。

第二，本体觉反应不足。与本体觉过度敏感一样，孩子同样缺乏对身体内部的觉察，他们似乎缺乏动力去运动，通常他们的本体觉辨别能力很差（触觉本体觉），而且有姿势问题和运动能力障碍，手脚不协调。他们无法注意自己的坐姿，就算很不舒服，也没什么感觉，被刺激了也不会有什么反应，也不在乎别人是否移动他们的手脚。"噢""嗯"是他们一贯的反应。

主要表现：缺乏移动和玩耍动力，通常"一动不动"，不太会掌控东西，总是给人笨手笨脚的感觉，协调能力差。

可能出现的行为表现：

（1）肌肉张力不足，执行动作时，不太会弯曲和伸展肌肉。

（2）动不动就弄坏玩具。

（3）常常打破东西。

（4）写字时会把手肘"固定在"肋骨上，站立时会把两脚的膝盖靠在一起。

（5）经常摔倒。

（6）写字无法在框内。

第三，本体觉感觉寻求。这类"要更多"的孩子非常渴望肌肉和关节等部位的被动刺激感觉，如结实的拥抱。他们总是不停地寻找感觉刺激，如撞东西、咬东西等通过伤害性行为来满足自己的需求。

主要表现：喜欢冲撞的感觉，非常渴望主动移动，寻求各种能够刺激自己的行为，甚至是伤害性行为。

可能出现的行为表现：

（1）走路时跺脚或用脚撞击地面。

（2）用脚踢地板或踢椅子。

（3）故意"冲撞"周围的东西，如从高处跳下去、钻到一堆叶子中，故意捉弄别人。

（4）不断在桌面上摩擦自己的手。

（5）喜欢把鞋带、帽兜、皮带束得很紧。

（6）可能很喜欢有嚼劲的食物。

（7）经常出现侵犯性的动作。

通过上述可能出现的表现来看，我们不难发现，很多行为表现其实跟前庭觉和触觉失调很像。正如前文所提到的，有本体觉问题的孩子都会伴随有前庭或触觉问题，因为他们紧紧相连，同时也对孩子起到相辅相成的作用。

作为父母，一旦发现你的孩子有本体觉系统失调的症状，就要引起重视，并帮助孩子进行感觉统合训练，以下是一些帮助孩子训练的小游戏。

游戏一：螃蟹先生

这类游戏适合年龄2~4岁的孩子。游戏时间需要5~10分钟。

让孩子举起双手和耳朵齐高，双脚略弯曲，往左或往右连续横行，如螃蟹走路状，或者双手轻轻放下，侧着头，踏脚向

前、向左、向右走，也可双手平举向前，或伸开摆放在两侧，踏步向前、向左、向右走。

这一游戏能强化前庭觉和中枢脊椎神经的协调性，促进大小肌肉灵活。

需要注意的是，游戏时选择的路面要平，不能有杂物。

另外，我们也可以让孩子双手高举小皮球，或双手各夹一个小皮球，向前、向左、向右踏步。

游戏二：学倒水

这类游戏的训练目标为训练手的精细动作和本体觉。

适合年龄3~5岁的孩子，需要10分钟的时间。

准备工具：水杯2个，瓶子1个。

工具摆放：放在平稳的桌子上。

把一个杯子装上半杯水，然后让孩子两手拿起有水的杯子

并把水倒向另一个空杯中，然后放下，再拿起有水的杯子，向空杯中倒水，反复练习。

需要注意的是，最好拿塑料杯，以防打碎。同时，训练孩子不要把水洒到外边。

另外，我们也可让孩子左右手各拿一个杯子来回倒或一手拿杯，一手拿瓶，训练孩子往瓶子里倒水，以不把水洒到外面为宜，反复训练10分钟。

游戏三：拳击手

这类游戏适合年龄3~6岁的孩子，需要10分钟的时间。

训练目标：强化手臂力量和手眼协调能力。

准备工具：枕头大小的沙袋1个。

工具摆放：把沙袋吊在半空中。

我们可以让孩子站在沙袋前，用拳头击打沙袋，或用身体去撞沙袋，然后说出感觉，反复练习。

　　需要注意的是，我们要把沙袋吊在孩子身体能撞到的高度，家长要给孩子示范，同时要帮孩子掌握用力程度。

　　另外，我们也可以让沙袋摆动起来，再让孩子去击中沙袋，让孩子学着掌握沙袋的移动方向和出手的角度，训练10分钟。

第05章

发现问题，为孩子做感觉统合能力测评

　　前面，我们曾分析感觉统合能力对儿童成长的重要性，那么，儿童感觉统合能力如何判断呢？对此，我们也曾指出，感觉统合失调的儿童也会在一些言行举止的细节处表现出来，家长可以通过细心观察自己的孩子来进行判断。其实，除此之外，感觉统合失调如果症状轻微，我们还可以通过常见的智力测试来发现儿童的异常，进而找到帮助孩子提升感觉统合能力的最佳对策。

为儿童进行感觉统合发展测评的必要性

生活中，有些家长发现自己的孩子无论是在学习还是生活中，似乎总是有改不掉的毛病，比如，不管提醒多少遍，还是粗心；明明智力正常，却总是在书写、阅读或者是计算时遇到困难；生活中十分黏人，或者表现得好动、动作不协调等。

这些家长常常会陷入困惑之中，我们的孩子是怎么了，是不是感觉统合失调呢？

为了让家长朋友们能够更好地了解孩子在感觉统合方面的发展状况，教育心理学家指出，我们有必要给孩子进行感觉统合发展测评，在必要时可进行相应的调整或干预。

经调查研究发现，感觉统合失调常发生在12岁以下的儿童身上。感觉统合失调存在不同的类型，Ayres认为感觉统合失调包括有身体运动障碍、结构和空间知觉障碍、前庭平衡功能障碍、听觉语言障碍及触觉防御障碍。其他分法还有：视觉功能失调、听觉功能失调、触觉功能失调、本体觉功能失调、前庭觉功能感觉失调等。

感觉统合失调的儿童虽然智商正常，但由于大脑的协调性差，因而直接影响了学习和生活。儿童出现感觉统合失调的主要原因是：缺乏运动、缺乏游戏，母亲先兆流产、妊高症、胎

位不正、情绪不稳定、早产、剖腹产等也是导致感觉统合失调的主要原因。

　　国内外众多的研究表明，儿童统合失调会直接影响到儿童学习技能的发展、技能学习效果及学业课程成绩。近几年来国内外有关学者发现，如果在幼年时，大脑对四肢的控制能力或大脑处理信息并反馈的能力得不到有效协调，会导致儿童学习困难。多动症的儿童群体中有近八成伴有感觉统合失调的症状，孤独症、行为问题等儿童中也有一些伴有感觉统合失调症状。另外，大量研究也表明，很多在学习中说话、阅读、书写、推理和计算能力较差的学生，大都伴有感觉统合能力失调的现象。

　　感觉统合失调主要表现为身体平衡功能障碍、触觉防御障碍、本体觉运动障碍、视觉障碍和听觉障碍。

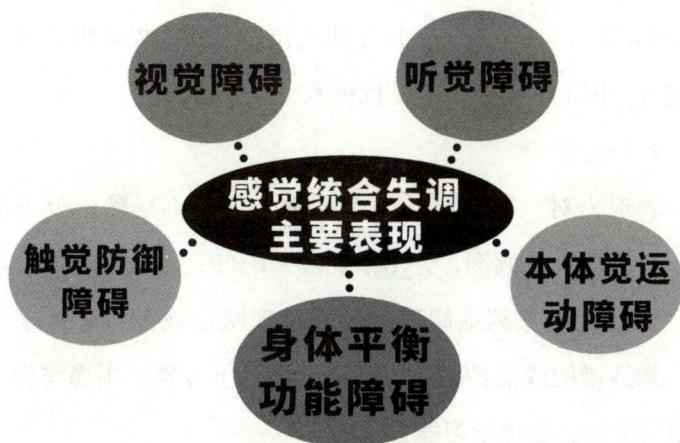

1. 身体平衡功能障碍

与前庭功能障碍有关。表现为喜欢旋转或绕圈子跑、手脚笨拙、常碰撞桌椅；多动不安、不听劝阻；动作协调能力差、喜欢爬高却不敢走平衡木；注意力不集中、上课不专心；组织能力不佳、经常弄乱东西、不喜欢整理自己的环境。

2. 触觉防御障碍

表现为过分防御、躯体和情绪反应过度。对亲人特别暴躁，强词夺理，胆小，害怕到陌生环境；偏食、咬指甲、爱哭、过分依恋父母，易产生分离焦虑，严重怕黑，独占性强，不爱洗脸和洗澡。

3. 本体感觉障碍

指身体运动的协调能力存在问题，导致运动障碍。表现为运动迟缓、笨拙，穿脱衣服、扣纽扣、系鞋带动作缓慢吃力；吃饭掉饭粒，写字不工整且作业拖拉，懒惰，做事没有效率；怕爬高，拒走平衡木，不爱玩积木、组合东西。

4. 视觉障碍

表现为对空间距离知觉不准确、视觉不平顺。分不清左右，写字部首易颠倒，分不清2和5、6和9；尽管能长时间地看书，但却无法流利地阅读，经常出现跳读或漏读，多字或少字，常抄错题或漏抄题；写字速度慢且不工整，不愿写作业，眼睛易疲劳，造成学习能力不足。

5. 听觉障碍

表现为听觉记忆力短暂，常忘记老师说的话、留的作业，听广度不足或听觉速度慢，复述听到的事情缺少逻辑性；语言发育迟缓，表达能力不佳。

各类失调都会对儿童的综合发展造成负面影响，使得正常生活和学校必要的高级认知活动，如注意力、学习能力、人际交往能力等产生困难，甚至引发学习障碍、行为问题等，降低了儿童的生活质量。另外，Ayres认为感觉统合发育的关键时期是3~7岁。因此，进行早期感觉统合训练，可以有效地预防儿童感觉统合失调的发生。

总之，儿童感觉统合的发展对其成长尤为重要，而通过专业的测评能尽量地知晓孩子的感统发展状况。

前庭平衡能力发展情况测评

前庭觉刺激包含三度空间的加速度与旋转等任何头部空间位置的动、静态平衡刺激。内耳的前庭与三半规管是平衡觉的接收器，可以说是平衡觉输入大脑的第一关，透过不同方向的重力与不同方向运动的影响，对这些平衡接受器的不同的内部构造会有不同的作用，并转换成神经信号，接着透过前庭觉神经（第八对脑神经）经由下视丘到达中枢神经系统（CNS），

进行解读与判断，完成平衡知觉过程，让人可以感受到头部的空间位置（静态平衡）与位置的改变（前进、旋转、上升等），并做出适当反应。

前庭觉神经与脑神经第三对（动眼）、第四对（滑车）与第六对（外旋）有直接的联系，透过平衡觉反射控制眼球动作、头部摆正与身体张力的变化。平衡觉对眼球动作的影响是造成旋转后眼球震颤的原因，最早由Ayres用来做平衡觉评估。眼球的控制影响了视觉的发展，头部与身体的稳定与本体觉的发展有关，而视觉、平衡觉以及本体觉在脑部的整合影响了后续注意力与动作计划的发展。

幼儿注意力的问题有很多种，如果平衡觉的路径有很多，就有可能造成注意力不足，但还包括了其他因素（其他感觉的发展、行为习惯、人格特性等等）。因此，我们所说的幼儿的注意力不足问题不能全部归结为平衡觉问题。

所谓平衡觉问题，和其他感觉系统一样主要有两种，一种是不够敏感，一种是过度敏感。此外，先前提到平衡觉在各个方向由不同的构造控制，因此幼儿也可能选择性对某些方向的刺激过度敏感或是不够敏感（如同耳蜗对高低频率或是声量有不同的敏感度）。从这个角度再来看幼儿的感觉需求，就不难推论前庭觉对幼儿行为的影响。例如，有些幼儿因为平衡觉较不敏感有平衡觉寻求的行为，喜欢速度快的刺激；而有些幼儿则无法忍受被人抱着或是任何自己无法控制的姿

势改变。

　　大脑具有可塑性，因为感觉经验的累积会发展出适应性行为来满足与调节感觉需求，因此在平衡觉方面，感统所做的介入就是运用游戏治疗的原则，针对幼儿的需求，增加幼儿的感觉经验，以发展出适应性行为为目标。平衡觉的活动如让幼儿荡秋千、翻跟斗、滑滑板等，都是感觉统合治疗架构中常使用的活动，而这些活动也分别对幼儿的平衡觉有不同的影响，需要谨慎使用，对于前庭觉过度敏感的幼儿，尤其要小心。要选择何种介入方式，需要依据幼儿的行为表现与治疗的目标而定。

　　一般说来，前庭觉经验不足或是对于前庭觉比较不敏感，进而造成前庭觉寻求的过动幼儿，通过平衡觉的输入经验是有助于平衡觉的整合的，减少了平衡觉寻求的诱因，当然过动的行为就会减少。此外也有助于眼球控制、身体姿势与动作控制，注意力、学习能力等认知功能的发展也能进一步获得改善。

　　如果是过度敏感的幼儿，有可能对于平衡觉刺激有错误的知觉判断，可能造成容易头晕等不舒服的症状，或是发展出重力不安全感、惧高、焦虑等认知心理障碍，不舒服的症状会干扰幼儿的学习与注意力，也会让幼儿减少动作控制学习的机会。治疗方向也是以透过感觉刺激经验诱发适应性行为为主。但如果用的刺激太多，造成幼儿的排斥与恐惧的心理障碍，就

弊多于利了。因此如何给予适当的特定感觉刺激，是父母及训练师在使用感觉统合训练时要相当小心的。

除了针对平衡觉（前庭觉）做介入，通常前庭觉问题会合并有本体觉的问题，常见的外显症状如低张力等，也可以通过增强本体觉刺激的活动来做训练。

在家庭教育中，作为父母，为了判定孩子的前庭能力发展情况，可以给孩子做以下测定：

（1）特别爱玩旋转的凳椅或游乐设施而不会晕。

（2）喜欢旋转或绕圈子跑而不晕不累。

（3）虽看到了仍常碰撞桌椅、旁人、柱子、门、墙。

（4）行动、吃饭、敲鼓、画画时双手协调不良，常忘了另一边。

（5）手脚笨拙，容易跌倒，拉他时仍显得笨重。

（6）俯卧在地板和床上，头、颈、胸无法抬高。

（7）爬上爬下，跑进跑出，不听劝阻。

（8）不安地乱动，东摸西扯，不听劝阻，处罚无效。

（9）喜欢惹人，捣蛋，恶作剧。

（10）经常自言自语，重复别人的话，并且喜欢背诵广告语言。

（11）表面左撇子，其实左右手都用。

（12）分不清左右方向，鞋子、衣服常常穿反。

（13）对陌生地方的电梯或楼梯，不敢坐或动作缓慢。

（14）组织力不佳，经常弄乱东西，不喜欢整理自己的环境。

回答"从不这样"得5分，"很少这样"得4分，"有时候"得3分，"常常如此"得2分，"总是如此"得1分。孩子有上述问题或测试的总分较低时，最好请教专门的医生。

测一测孩子的触觉敏感度

儿童感统测评之感觉敏感度测定触觉的发展对心理发展有重要的作用。家长可以对照下列问题来检查孩子的行为表现是否存在触觉敏感的问题。

（1）对家人特别暴躁，强词夺理，到外面则胆小害怕。

（2）害怕新环境，常常刚到不久就要求离开。

（3）挑食、偏食，不爱吃菜或软皮。

（4）羞怯不安，喜欢独处，不爱和别人玩。

（5）喜欢黏人和被搂抱，不喜欢陌生环境。

（6）看电视或听故事，容易受感动，大叫或大笑，害怕恐怖镜头。

（7）特别怕黑，喜欢别人陪伴。

（8）晚上不睡，早上不起，上学、放学都很拖拉。

（9）容易生小病，生病后便不想上学，常常没有原因拒绝

上学。

（10）喜欢吃手或咬指甲，不喜欢剪指甲。

（11）换床睡不着，不能换被子或睡衣，外出常担心睡眠问题。

（12）独占性强，不让别人碰他的东西，常无缘无故地发脾气。

（13）不喜欢和别人谈话或玩碰触游戏，不爱洗脸和洗澡。

（14）过分保护自己的东西，尤其讨厌别人从背后接近他。

（15）不爱玩沙土和水，怕脏，有洁癖倾向。

（16）不喜欢眼睛看着别人说话，喜欢用手势表达。

（17）对危险和疼痛反应迟钝或过于激烈。

（18）听而不见，过分安静，表情冷淡，无故嬉笑。

（19）过分安静或坚持古怪玩法。

（20）喜欢咬人，并且常咬固定的人，无故碰坏东西。

（21）内向、软弱、爱哭，常触摸生殖器。

孩子的行为"从不这样"得5分，"很少如此"得4分，"有时如此"得3分，"常常如此"得2分，"总是如此"时得1分。得分越少，触觉敏感程度低。具体检查标准可以咨询心理医生。

对于触觉敏感度低的孩子，父母可以让孩子做一些触觉

类游戏，包括玩沙、玩土、游泳，还可以用小被子把孩子裹起来，轻轻按压他的大关节、大肌肉，用不同质地的沐浴擦给孩子洗澡等。

我们会发现，触觉过分敏感的孩子有这样一些表现，敏感度较强，不愿意做滚动类游戏，也害怕被挤压。为此，我们在对孩子做感统训练时，可以先对孩子的腹部（仰卧时）和背部（俯卧时）进行压挤，因为这两个部位接受起来更容易一些，等孩子适应以后，再对孩子的腿部和足部以及臀部进行挤压。由于足部离大脑最远，多压挤刺激足部，有助于协调大脑和身体。经过一段时间的训练后，可以在孩子身上加上毛巾，还可把大笼球内的气放掉一半，这种改变可让孩子感受到重力感的变化，对前庭触觉的协调刺激有特殊效果。

还可以引导孩子做俯卧大笼球的游戏，也就是让孩子俯卧在大笼球上，指导者抓住他的双脚，将两腿平举，并做轻微的前后推拉和左右转动，前后左右快慢的变化可以丰富孩子的前庭感觉，让他有更好的重力感调适。注意不要太快，让孩子努力自己去保持平衡，以免滑落到球下。尽量帮助孩子在大笼球上体会、练习如何利用手、脚及头部的运动并保持平衡，保护自己。

孩子在大笼球上如果能抬头挺胸，并将手和上臂上举，则表示孩子的肌肉张力足以抗衡地心引力，保持抗重力的姿态；如果孩子头抬不起来，双手紧张地扶住笼球或不知所措，全身

紧张僵硬，表示身体和地心引力的协调不良。指导者可扶住孩子的腿部，协助孩子保持平衡，消除紧张感。

头和双手能顺利抬起的孩子，日常生活中身体倾斜、跌倒或受到意外碰撞时，身体的保护性反射比较灵敏，双手伸展保护的能力也较强，头部较不容易受伤。

相反，重力感不强、姿态不佳的孩子，平衡能力也较差，在日常的活动中常常磕磕碰碰，遇到突然的碰撞时，保护反射较差，较容易受伤。这类孩子平常动作不够灵活，较胆小，在大笼球上会有恐惧感，指导者也可以用双手压住孩子的腰部，让大笼球做前后左右转动，这时，应注意孩子的头部位置，如果孩子的头部不能很好地稳定地摆在正中间，容易向左倾倒或向右倾倒，导致身体往同一方向滑，从大笼球上落下来，这就表明孩子的前庭平衡发展不足。因此，大笼球可以测试孩子的前庭平衡能力和重力感。

儿童本体觉系统发展情况测定

本体觉对于我们机体的运行和发展有重要的作用，例如，对大、小肌肉的控制，手与眼协调，身与脑协调，动作灵活和灵巧等。如果儿童出现本体觉失调，就会经常出现一系列问题。

从简单的吃饭脱衣服、写字、骑车到高难度的体操体能动作都需要本体觉的功能。本体觉不成熟的儿童常常表现为站无站相、坐无坐相、缺乏自信、挫折感很多，没有创造力等。本体觉是自信心和创造力的根本。

1. 对记忆力和注意力的影响

孩子本体觉不良时，容易没有时间管理概念，经常迟到，做事拖拖拉拉。注意力一定程度上受到多巴胺、血清素和正肾上腺素分泌的影响，这三种重要的荷尔蒙能帮助个体将注意力转换成执行命令。启发孩子的外部感官经验及身体内部的感觉经验与记忆，使孩子在愉快的情绪及身心平衡的状态下大幅度提高注意力、记忆力，并激发学习的驱动力。

实践证明，每天第一节体育课能增进孩子的学习专注力，因为运动所做的动作会使脑中血清素增加，加强孩子自我控制能力，减少分心的状况，使孩子专心而有效率的学习。

2. 培养灵活的思维方式和抗压性

本体觉提升副交感神经活性，借此对抗交感神经的压力状态，改善孩子固有的想法和行为，具有弹性有变化的思维方式，能够提升孩子抗压能力，减少忧虑、紧张及害怕的情绪，促进孩子自我调节的能力。例如，俯卧、翻身、爬行走路、跑步、跳跃、攀登等动作能刺激大脑皮层促进神经网络含氧量并能活化神经细胞，孩子通过肢体动作，培养抗挫能力、思考力和灵活性。

3. 加强肢体运动，改善睡眠品质

孩子养成自己的事情自己做的习惯，大量的肢体动作有助于孩子的睡眠。

4. 平衡前庭觉和触觉的过度反应

本体觉是最重要的神经调节器，其抑制功能可以帮助削弱前庭觉和触觉的过度反应。本体觉活动包括提重的篮子、拉玩具箱、任何出力的活动或动作，关节的挤压及拉伸均可使过度反应的神经系统正常化。利用本体觉活动可以减轻触觉过度反应和重力不安全感，并使神经系统维持在理想的警醒状态中。

那么，在家庭教育中，怎样判断孩子的本体觉系统发展情况呢，对此，我们不妨来给孩子做一个简单的测定：

（1）穿脱衣服、扣纽扣、拉拉链、系鞋带，动作缓慢、笨拙。

（2）顽固、偏执、不合群、孤僻。

（3）吃饭掉饭粒，口水控制不住。

（4）语言不清，发音不佳，语言能力发展缓慢。

（5）懒惰，行动慢，做事没效率。

（6）不喜欢翻跟头、打滚和爬高。

（7）上幼儿园不会洗手、擦脸、剪纸以及自己擦屁股。

（8）上幼儿园（大、中班）仍不会用筷子、拿笔、攀爬或荡秋千。

（9）对小伤特别敏感，过度依赖他人照料。

（10）不善于玩积木，组织东西、排队、投球。

（11）怕爬高、拒绝平衡木。

（12）到陌生环境容易迷失方向。

回答"从不这样"得5分，"很少这样"得4分，"有时候"得3分，"常常如此"得2分，"总是如此"得1分。孩子有上述问题或测试的总分较低时，最好请教专门的医生。

现在孩子的活动空间、活动量比过去要少，家长要注意孩子动作协调性的训练，以增强孩子的学习能力。

儿童智力发展水平测评

在生活中，我们经常提到孩子的智力问题，智商就是智力商数。智力通常叫智慧，也叫智能，是人们认识客观事物并运用知识解决实际问题的能力。那么，我们如何了解孩子的智商呢？我们一般采用美国心理学家韦克斯勒编制的智力量表，通过心理测量可了解孩子的智力水平、潜能所在。

智商测验包括十一个项目，具体测验内容是：

1. 常识

包括33个一般性知识的测题。测题的内容很广，例如"谁发现了美洲？""某个国家的首都在什么地方？"韦克斯勒认

为，人们在日常社会生活中接触到常识的机会基本相同，但由于智力水平不同，每人所掌握的知识就有所不同。智力越高，兴趣越广泛；好奇心越强，所获得的知识就越多。常识也可以反映长时记忆的状况。常识还与早期疾病有关，自幼患病，会减少人们同外界接触的机会，获得的常识就较少。有情绪问题的被试者，常表现出对常识分量的夸大和贻误，因而常识分测验具有临床的意义。常识测验能够测量智力的一般因素，容易与被试者建立合作关系，不易引起被试者的紧张和厌恶，通常将此测验安排为第一份测验。常识测验的缺点是，容易受文化背景和被试熟悉程度的影响。

2. 图画补缺

包括27张图片，每张图上都有意缺少一个主要的部分，要求被试者在规定的20秒钟内，指出每张图上缺少了什么。该测验用来测量视觉敏锐性、记忆和细节注意能力。韦克斯勒认为，人们在心理发展过程中对所接触的日常事物形成完整的印象，这对于人们适应外界环境是十分重要的。

3. 数字广度

包括14个测题，主试者读出一个2~9位的随机数字，要求被试者顺背或倒背，两者分别进行。顺背从3位数字至9位数字，倒背从2位数字到8位数字。总分为顺背和倒背两者的加和。该测验主要测量瞬时记忆能力，但分数也受到注意广度和理解能力的影响。韦克斯勒认为，数字广度测验对智力较低者可以测其智力，而对智力较高者实际测量的是注意力，智力高者在该测验上得分不一定会高。数字广度测验能够较快地测验记忆力和注意力，不会引起被试者较强的情绪反应，也不大受文化教育程度的影响，且简便易行。但其可靠性较低，测验受偶然因素的影响较大，对智力的一般因素负荷不是很高。

4. 图片排列

包括10套图片，每套由3~5张图片组成。在每道题中，主试者展示一套次序打乱了的图片，要求被试者按照图片内容的事件顺序，把图片重新排列起来，使它们成为一个有意义的故事。该测验用来测量被试者的分析综合能力、观察因果关系的能力、社会计划性、预期力和幽默感等。它测量智力一般因素的程度属中等。被试对测验有兴趣，可用于各种文化背景的人士，在临床上还具有投射测验的作用，但易受视觉敏锐性的影响。

5. 词汇

包括37个词汇，每个词汇写在一张词汇卡片上。通过视觉或听觉逐一呈现词汇，要求被试者解释每个词汇的一般意义。例如，"美丽"是什么意思？"公主"是什么意思？

词汇知识和其他与一般智力有关的能力，在临床上也有很大作用。韦克斯勒认为，生活在同一文化环境中的人基本上共同地接受这种文化。年龄大的人所接受的文化相对多一些；同年龄者中，智力较高者相对接受的较多；经历丰富，受教育程度高的人，接受的也多些。该测验与抽象概括能力也有关。研

究表明，该测验是测量一般智力因素的最佳测验，可靠性也较高。缺点是评分较难，测试时间较长，受文化背景及教育程度影响较大，有些人仅凭记忆力好也能得到高分。

6. 积木图案

包括10个测题，要求被试用4块或9块积木，按照图案卡片来照样排列积木。每块积木两面为红色，两面为白色，另两面为红白各半。积木图案测验用来测量视知觉和分析能力、空间定向能力及视觉—运动综合协调能力，它与操作量表的总分和整个测验的总分的相关性很高，因此被认为是最好的操作测验。该测验效度很高，在临床上能帮助诊断知觉障碍、分心、老年衰退等症状，比较而言，该测验受文化影响较少。缺点是手指技巧有时可能会提高分数。

7. 算术

包括15个测题，被试者在解答测题时不能使用笔和纸，而只能用心算来解答。算术测验主要测量最基本的数理知识以及数学思维能力。该测验能够较快地测量被试运用数字的技巧，缺点是容易产生焦虑和紧张，且易受性别影响。

8. 物体拼配

包括4个测题，把每套零散的图形拼板呈现给被试者，要求他拼配成一个完整的物件。物体拼配测验主要测量思维能力、工作习惯、注意力、持久力和视觉综合能力。该测验与其他分测验的相关性相对较低，但在临床上可以测出被试的知觉类型

及其对尝试错误方法的依赖程度。该测验任务单纯，但可靠性较低，施测时间较长。

9. 理解

包括18个测题，主试把每个问题呈现给被试，要求他说明每种情境。例如，"如果你在路上拾到一封贴上邮票、写有地址但尚未寄出的信，你应该怎么办？"理解测验主要测量实际知识、社会适应能力和组织信息的能力，能反映被试者对于社会价值观念、风俗、伦理道德是否理解和适应，在临床上能够鉴别脑器质性障碍的患者。该测验对智力一般因素的负荷较大，与常识测验相比，受文化教育的影响较小。缺点是评分标准难以统一掌握。

10. 数字符号

共有93对数字符号，要求被试者在规定时限内，依据规定的数字符号关系，在数字下部填入相应的符号。该测验主要测量注意力、简单感觉运动的持久力、建立新联系的能力和速度。该测验评分快速，不大受文化背景的影响。缺点是不能很好地测量智力的一般因素。

11. 类同

包括14组成对的词汇，要求被试者概括每一对词义相似的地方在哪里。例如，"桌子和椅子在什么地方相似？""树和狗在什么地方相似？"该测验主要测量逻辑思维能力、抽象思维能力、分析能力和概括能力。类同测验简便易行，评分不太

困难。对于临床上鉴别脑器质性损害和精神分裂病方面具有一定的意义。

小小教具测定孩子是否感统失调

　　不少家长都不确定自己的孩子是否存在感统失调，其主要原因就是不知道孩子感统失调怎么诊断。其实有一个东西可以很轻易的判断孩子是否存在感统失调，这个东西就是"滑板"。滑板是公认的感觉统合训练中最具效果的教具之一。但要注意的是，感觉统合训练中用的滑板与常见的滑板有一些不同。它的板面有长方形、正方形、三角形、圆形和椭圆形等。小滑板的尺寸一般为30厘米×40厘米，大滑板的尺寸一般为50厘米×60厘米。

　　滑板训练包含了对前庭觉、本体觉、视觉的刺激。用俯卧姿势爬行移动将对前庭产生大量的刺激，还会产生俯卧时的重力感以及在行进中肌肉、关节移动所产生的紧张感；身体与滑板之间产生触压感觉，以及手部皮肤肌肉与地面接触时产生的触觉；爬姿活动时，对前庭平衡器官产生特别的刺激，颈背肌肉强烈收缩产生本体觉信息。这些刺激将直接作用于动眼神经的内侧从束（主管眼球运动的眼部神经组织），对眼球运动的稳定性有极佳的作用，有助于良好自我视觉空间的形成。

感觉统合失调的儿童在操作滑板时，经常会出现以下几种异常现象。

1. 双手灵活性不足

我们以滑板游戏为例，儿童在这种游戏中，需要借助双手的力量来完成。比如，在仰滑时，儿童手部必须紧紧抓住绳索，用手腕和手臂的伸缩力量滑动，这时儿童的肩部必须保持平衡，否则手腕伸缩时身体就会随之歪斜；在卧滑时，儿童双手同时着地，并收缩手臂力量，带动整个身体和滑板的重量进行滑行。感觉统合失调的儿童在做滑板游戏时，双手灵活度明显不高，不能很好地操纵滑板，显得很笨拙。

2. 方向控制得不好

我们可以用积木或木板"搭建"一个通道，然后让孩子站在滑板上，让孩子凭视觉感觉来判断通道的形态，然后从通道中滑行过去。而对于感统能力失调的孩子，因为无法判断自己在滑板上的位置，则无法顺利完成这一游戏。

3. 滑行时力量不足

我们可以引导孩子学青蛙的动作趴在滑板上，然后用双脚蹬墙，集中反弹力，蹬出去的力量会特别大。这种运动能锻炼孩子肌肉和关节直接的力量。而感统能力失调的孩子则无法完成，动作也做得不规范，因此无法产生足够的反弹力带动身体滑行，不能有效地完成这一系列动作。

4. 平衡能力差，不敢坐在滑板上面

让儿童以俯卧或仰躺的姿态趴在或躺在滑板上，头部抬高，用两只手滑动。颈部张力比较好的孩子颈部可以挺高，用腹部做重心，双手向前后、左右等各方向变化滑行都很顺利。但颈部张力不足、前庭平衡发展不良的孩子，头部很难抬高，做这种动作便有明显的困难。也有的孩子在滑行时非常不安，滑板较难保持稳定，甚至因此不敢再到滑板上面去。这类儿童的平衡能力常有问题。

5. 滑行时常常掉下来

儿童使用滑板时，力量的重心在腹部，颈部用力上提，使腹部挺起来，这样滑行起来比较轻松、容易。正常的儿童只要多练习几次，就能找到窍门，甚至也能摸索出各种姿势进行滑行。但感觉统合失调的儿童通常腹部无力，导致胸部抬不起来，一旦开始滑动，腹部就会离开滑板，带动着整个身体由滑板上翻落。这反映出儿童的运动企划能力较差。

6. 头和脚无法同时上举

让儿童仰躺在滑板上，以背部为支撑点，然后使颈、手、脚向上，在上方放一条绳索，让儿童可以手脚同时够到，以仰身的姿势向前。

对于感统失调的儿童来说，颈部力量不足，无法支撑住头部，很容易从滑板上滑落，手和脚之间也缺乏灵活性，协调能力很差。这显示出儿童肌肉张力的不足，大肌肉发育不良，会

导致站立、走路、坐正的姿势不正常，也容易产生焦虑、紧张的心理，缺乏自信心。

　　其实，在儿童中，感统失调的情况很普遍，并且很多父母也开始关注孩子的这一问题。如果您的孩子有感统失调的情况，应当及时进行治疗，避免造成更严重的后果。

第 06 章

遵循原则，让感觉统合训练有据可依

在前面的章节中，我们提到了感觉统合训练中需要遵循的一些原则。的确，感觉统合训练并不是盲目的，而是要按照一定的原则进行，如果盲目地对孩子进行感觉统合训练，可能不仅会没有效果，反而还会对孩子某方面的发展造成影响。那么，这些原则具体是怎样的？我们又该如何贯彻这些原则呢？带着这些问题，我们来看看本章的内容。

顺应性原则：给孩子多一点亲自尝试的机会

前面提及，儿童感觉统合训练是需要遵循一定的原则的，如果毫无章法地进行，不仅会没有效果，反而还会对孩子某方面的发展造成影响。而在感统训练的原则中，最重要的就是顺应性原则。

儿童的大脑对感觉信息的组织是靠顺应性反应来完成的。当儿童通过感觉器官接收到环境信息时，大脑会立刻把信息与身体进行组织协调，然后做出具体的行为反应去顺应当时的环境。例如，儿童无论在干什么，只要有人叫他的名字，他都会不由自主地做出反应；当儿童在户外活动，面前突然出现障碍时，他会立刻调整身体的状态以保持平衡。这些行为的完成都需要顺应性反应参与。

在儿童的感觉统合能力中，最关键的是感觉与动作的组织协调能力。这种能力是儿童有效地顺应身体与环境的基础，通常建立在儿童对身体采取的顺应性反应中。

如果儿童的顺应性反应发展良好，那就可以促进组织协调能力的提高，并使儿童的大脑处在一种有条理的清晰状态中。而且，每一种顺应性反应又会引起进一步的感觉统合，儿童为了统合这些感觉，就会试着顺应它们，如此便形成一个良性循

环，对感觉统合的发展很有好处。

在对儿童进行感觉统合训练时，要谨记顺应性反应的特点。外人的力量是不能帮助儿童完成顺应性反应的，必须要由他们亲自尝试。所以，家长没有必要对儿童的一切大包大揽，过分的代劳反而会减少顺应性反应能力发展的机会。

一个3周岁左右的小男孩，被妈妈牵着小手来到公园的广场前，准备上有十几个阶梯的台阶。小男孩挣脱开妈妈的手，他要自己爬上去。他用胖胖的小手向上爬，他的妈妈也没有抱他上去的意思。当爬上两个台阶时，他就感到台阶很高，回头瞅一眼妈妈，妈妈没有伸手去扶他的意思，只是眼睛里充满了慈爱和鼓励。小男孩又抬头向上瞅了瞅，他放弃了让妈妈抱的想法，还是手脚并用努力地向上爬。他爬得很吃力，小屁股抬得老高，小脸蛋也累得通红，那身娃娃服也被弄得都是土，小手也脏乎乎的，但他最终爬上去了。妈妈这才上前拍拍儿子身上的土，在那通红的小脸蛋上亲了一口。

其实，对于孩子的感统训练，我们都要有这位妈妈的耐心。显而易见，如果家长牵着、搀扶着孩子，就会使孩子产生依赖性，无法很好地进行感觉统合训练。然而，实际上在家庭教育中，正是因为很多家长的事事代劳，剥夺了孩子去感受和接触世界的机会，导致孩子出现思维不灵活、反应能力差等问题，这都是造成孩子感觉失调的重要原因。

为此，我们在日常生活中，在教育孩子的过程中，需要

注意：

1. 让孩子学会自己照顾自己

在对孩子进行感觉统合训练中，家长首先应该让孩子尽量独立去完成力所能及的事，当孩子遇到困难时，不要一味包办，要让孩子自己想办法去解决。当然，开始时父母要予以必要的指导，使孩子慢慢学会自己处理各种事，而不能一下子不管，让孩子手足无措。

2. 家长可鼓励孩子与人交往

家长要鼓励和带领孩子多和别人交往，特别是和开朗活泼的同龄人交往，并带领孩子参加力所能及的社会公益活动。借助家庭、学校、孩子的伙伴、亲朋好友的作用，给孩子提供良好的社交平台。

3. 经常鼓励孩子

如果你的孩子感觉失调，家长切忌与同龄孩子对比或者辱骂孩子，应该不失时机地与孩子沟通，给孩子以鼓励和赞扬，帮助并引导孩子努力克服自身的弱点，尽可能避免孩子因学习能力差、不灵活等所造成的心理紧张，缓解孩子的胆怯，促进孩子健康成长。

以上就是感觉统合训练的顺应性原则，各位家长在给孩子进行感觉统合训练时，一定要遵循这一原则，要给孩子多一点顺应性反应能力发展的机会。

内驱力原则：激发儿童的主动性

生活中，我们经常看到这样一些现象，当孩子肚子饿了，就会涌现出强烈的进食欲望，所以会去寻找食物，而一旦吃饱了，这种欲望就会降低。其实，这是由于人的内驱力导致的。那么，什么是内驱力呢？内驱力是在儿童内心需求的基础上产生的一种唤醒状态或紧张状态，它能够推动身体进行活动以满足需求。

感觉统合训练中的内驱力通常是在身体与环境的互相交流中形成的，它存在于儿童机体内部，实质上是一种无意识的力量，能够给予儿童积极的心理暗示，具有驱动型的效应。这种内驱力是最原始的，积累了整个历史经验的心理体验在儿童大脑中的反应。

在训练中，儿童内心产生的内驱力主要有以下三种：

（1）认知内驱力：认知内驱力是一种源于儿童自身需要的内部力量。这种潜在的内驱力，要通过儿童对训练意义的不断认识，以及在训练中不断取得成果，才能真正表现出来。训练人员可以利用儿童的好奇心，巧妙创设问题情境，并将训练内容与学生的生活背景、知识背景联系起来，激发儿童的认知内驱力。

（2）自我提高内驱力：这种内驱力是儿童在与其他人的比赛中，通过自身努力取得了一定成绩而产生的。激发自我提高

内驱力需要一种集体活动的环境。

（3）附属内驱力：为了赢得训练人员的赞许和认可，儿童会产生一种认真训练、积极表现的附属内驱力。这种内驱力的激发需要儿童成就感的积累。

在每一个儿童的成长过程中，内心都存在着相当大的内驱力来发展感觉统合。例如，我们并没有告诉幼儿应该怎样爬行、怎样站立，但他们心中的内驱力会引导着身体尝试这些行为。所以，要给予儿童充足的机会，让他们在复杂的环境中寻求发展，一再尝试、一再努力，直到成功为止。如果儿童内心缺乏内驱力，那感觉统合的发展将寸步难行。

在感觉统合训练中，注重内驱力原则可以让儿童产生努力改变现状的内在愿望，并积极主动、自觉独立地参与到训练中去。另外，内驱力原则强调儿童在训练中的主体地位，要充分发挥儿童的主观能动性。所以，家长不宜在训练中过度保护孩子，更不要无条件地支持。同时，训练人员也要发挥出主导作用，通过鼓励、启发等手段引导儿童的主动性，激发他们的内驱力，以此达到更高的训练水平，取得更好的训练效果。

另外，在家庭教育中，我们应注意几点：

1. 支持孩子大胆地去做事情

（1）家长对孩子的保护应随着孩子年龄的增长越来越少，由原来的搀着走，变为半扶半放，最终使孩子能够大胆地去走。

（2）千万不要凡事包办，让孩子学会单独生活。

2. 鼓励孩子大胆说话

在孩子面前家长少讲一些"你必须这样做"或"你必须那样做"等一些严重打消孩子积极性的话语，多讲一些"你看怎样办""你的想法是什么"，给孩子一个独立思考并发表自己意见的机会。

3. 鼓励孩子多与社会打交道

让孩子与外界有所接触，走向社会，不局限于自己的那片天，多与他人交流，开阔眼界，增强认知能力，培养儿童的处世能力。

总之，作为父母，不能给孩子过于优越的生活环境，造成凡事依赖别人的结果，要明白什么是真正的爱孩子，让他吃点苦，他就能够从真实的生活中懂得生命的意义！

另外，在孩子进行感统训练时，如果孩子出现挫折，我们一定要给孩子足够的鼓励，孩子只有不断得到鼓励，才能在困难面前淡化和改变受挫意识，获得安全感和自信心。而孩子一旦进步，要立即予以表扬，强化其行为，并随时表现出肯定和相信的神态。成人的鼓励和肯定既能使孩子得以改变，又能提高他们继续尝试的勇气和信心。如果经常笼罩在这种挫折感中，会损害他们心理的健康发展。总之，在孩子感统发展的过程中，成人要正确引导，多激发孩子的内驱动力，帮助孩子获得良好的感觉统合能力。

快乐原则：寓教于乐很重要

心理学家告诉我们，人类的行为在很大程度上都是趋乐避苦所致，良好的情绪是大脑思维的润滑剂。所以，在感觉统合训练中，训练人员要尽量满足儿童对"快乐"的心理需求。那么，什么是感统的快乐原则呢？

一个真正成功的训练在于把握住儿童的爱好和潜能，寓教于乐，在轻松愉快的环境中提高儿童的感觉统合能力，这就是感统训练的快乐原则。

训练时要重视儿童的情绪状态。在感觉统合训练中，家长常常软硬兼施，单方面根据自己的想法来对孩子提出要求，但这些要求很可能造成儿童情绪上的不稳定，令他们很反感，甚至还会产生逆反心理，令亲子关系变得紧张起来。归根结底，这是不重视儿童的情绪状态造成的。

另外，某些儿童在训练中可能会感到压力很大，产生焦虑的心理。这时，就需要训练人员认真观察儿童的情绪状态，运用各种方法调节儿童的情绪，使他们真正感受到快乐。当儿童心中很愉悦时，大脑的思维效率会变高，学习东西非常快。而一旦心情低落时，往往会事倍功半。

然而，生活中就有一些父母，在孩子很小的时候，想让孩子识字，但他们却不讲教育方法，仅仅在纸上写几个字，让孩子照葫芦画瓢，进行模仿。这样教育，孩子毫无兴趣，自然也

学不好。而父母便认为孩子是在偷懒，往往采取惩罚的手段。这样的教育方式，只会让父母累，孩子苦，但收效甚微，还会造成孩子的逆反心理，在将来上学后，也会对学习发怵，甚至出现逃学的行为。反之，在玩乐中，孩子的智力、想象力、创造力、与人交往的能力等都得到了锻炼，这些都是孩子将来接触社会时必须拥有的能力。

　　因此，我们可以说，让孩子在婴幼儿时期有充分的玩的机会，对于孩子的智力和非智力因素的发展都是极为重要的，同时，也能避免孩子出现某些身心上的障碍。

　　有些家长总对孩子不放心，对孩子的活动范围过多地加以限制，结果抑制了孩子主动性的发展，致使孩子习惯于一切坐等父母安排，生活自理能力差，遇到新环境、新情况就不知所措。所以，让孩子经常参加一些活动，有助于他们在心理上

摆脱对父母的依附，同时可以开阔孩子的视野，增长孩子的见识，培养孩子的责任感、事业心、钻研精神和独立能力等。如节假日带孩子去野外踏青郊游的时候，你可以让孩子留心大自然的景象及其变化，让孩子运用他自己学到的语文、数学知识来解释周围的现象，不断提出"为什么"，并适时给予点拨。可以任孩子去跑、去玩、去交往，让孩子仔细观察人们的社会生活，人们是如何进行劳动创造的，从而激发孩子的劳动热情和创造欲望，使孩子的想象力自由驰骋，逐渐成长为一个大有作为的人。

因此，对孩子进行感觉统合训练，我们一定要重视方法，最好能寓教于乐，因为对于婴幼儿阶段的孩子来说，本身他们大部分的时间都在玩中度过的。因此，当你的孩子开始在草地上摸爬滚打的时候，千万不要喝止孩子，这是引导孩子掌握平衡和灵活性的最佳时期。如果你的孩子大一点了，你还可以放手让他和同龄孩子参加游戏。

在一个人的成长过程中，游戏非常重要，尤其是在建立自尊和自信这一问题上。游戏的种类很多。比如在玩"扮演"类游戏时，一些女孩子就特别擅长扮演角色和设计游戏情节。儿童能在游戏中认识自我，通过游戏，他们能决定玩什么，或者做什么，也可以决定和谁一起玩等，最终他们完成身份的认同，这对于孩子建立自尊和自信是十分重要的。

通过游戏，儿童还可以发现自己有能力做些什么，因为游

戏有助于培养他们在语言、社交、动手能力和解决难题等各个方面的能力，从而加强他们的自信和积极性。

另外，训练环境要快乐，一个美好舒适的训练环境能给儿童带来快乐的心理暗示，也能够减少一部分儿童对训练的恐惧心理。所以，感觉统合训练场所要布置得活泼、有趣，训练的用具和器械要在形状、质地或色彩上丰富多变，避免单一。同时，也要定期更新训练环境的布局，适应不同训练阶段的需要。

以上就是感觉统合训练的快乐原则，各位父母在对孩子进行感觉统合训练的时候，一定要站在孩子的角度考虑问题，不能一味地逼迫孩子，这样不但没有效果，甚至还会让孩子反感。

以儿童为主角原则：考虑儿童的兴趣和接受性

在为儿童进行感觉统合训练时，我们的目的是提升儿童的感觉统合能力，所以理应充分考虑儿童的客观心理需要和心理发展特点，这样才能更充分地理解儿童、帮助儿童。

感统训练应该遵循的以儿童为主角的原则是什么呢？

在训练关系上，儿童是训练的主体，是训练活动的主宰。尊重儿童在训练中的主角地位，是调动儿童积极性的根本条

件。当然，在家庭训练中，这一原则并不是要忽略父母的作用，父母仍要担负起对儿童的引导作用。

儿童难免会在训练中出现这样或那样的问题，而解决问题的有效办法是经常关注儿童的心理状态，了解儿童内心的想法，学着从儿童的角度看待问题。例如，当儿童在训练中的表现并不是很好时，也许并不是因为自身能力差，而是因为在学校与其他同学产生了矛盾，积极性受挫等。

另外，我们也要意识到儿童是有实际需要并且渴望自主的个体，所以训练工作要与儿童的需求相结合，万万不能以个人的喜好去对待儿童的行为。在设计训练内容时，要充分考虑儿童的兴趣和可接受性。在实施训练时，也要采取多种方式，灵活变通，因为培养儿童的某一种能力可以有多种途径，不必过分死板地认准一种方法。同时，也要时刻关注儿童的身体状况和情绪状态，对训练的强度和难度加以调整。

作为家长，在家庭里对儿童进行感统训练的过程中，如果把自己的意愿投射到孩子身上，往往会事与愿违。比如，很多父母为了让孩子出人头地，他们常会让孩子学习各种知识、各种技能，但实际上，孩子并不会按照他们的意愿好好地学习。父母的投射心理往往得不到满足，投射效果甚至为零。

对于父母来说，如果能站在儿童的角度进行思考，那将会发现和学到很多东西，使自身专业水平上升到另一个层次，大部分育儿难题也会迎刃而解。

"玲玲7岁的时候，有一次我看见她在房间自言自语，好像在学老师上课的样子，于是，就给她买了一块小黑板，从此她每天都教邻居家的孩子识字。现在她是一所中学的教师，学生们都很喜欢她。"

"在女儿5岁的时候，我给她买了第一个芭比娃娃。接下来的日子，我发现女儿经常在家里找一些布头，然后给娃娃做衣服。她做的衣服剪裁还不够细致，针脚也不够整齐，可是非常有创意，她也很善于搭配色彩和花纹，现在她正在读服装设计专业。"

"我记得在女儿还很小的时候，有一天晚上，我在厨房刷碗，听到客厅传来一些奇怪的歌声，我走进客厅，发现女儿正在跟着电视里的节目唱歌，我马上对她说：'宝贝，你唱的简直太棒了！'现在她已经出了自己的专辑，我是她忠实的歌迷。"

从这些成功教育孩子的母亲身上，我们可以发现，每个孩子都像一颗即将发芽的种子，他或许会长成参天大树，或许只是一棵小树苗；或许会开出美丽的花朵，或许只是一个小花苞……我们不得不说，要想让孩子健康、茁壮地成长，我们必须要学会尊重、鼓励和支持孩子。

因此，在对孩子进行感统训练的过程中，我们不要总是将自己的观点强加给孩子。具体说来，我们需要做到：

1. 让孩子根据自己的兴趣做选择

我们在帮助孩子做选择时，一定要考虑孩子的兴趣。兴趣

是最好的老师，我们可以给孩子一定的建议，但不能替孩子拿主意，比如，有的孩子喜欢看科幻小说或漫画，而你如果非让他看科普读物的话，孩子只会越来越排斥看书。

2. 学会体谅孩子的情绪和思维，而不是嘲笑

可能在你看来，孩子是幼稚的，他们一些行为和想法不可思议，但你千万不能嘲笑他们，也不要以自己的思维来要求孩子，尤其是对于一些感觉统合失调的孩子，我们更不可嘲笑他们，要允许孩子慢慢进步。当孩子主动和你谈起他对某件事情的感受和想法时，不要不耐烦地敷衍了事，而应该跟孩子一起聊聊。

3. 父母要善于称赞孩子

当孩子努力去做了，或做得很好时，家长要立即予以称赞和鼓励，以调动孩子的积极性，增强孩子的自尊心和自信心。这种称赞尽量不要以实物的形式，比如给孩子买玩具，买好吃的东西等，因为这样容易刺激孩子的虚荣心，时间久了，反而会阻碍孩子的健康成长。

任何家长都必须认识到，他是你的孩子，同时也是独立的人，他有自己的个性。如果总是把自己的想法强加给孩子，你就无法真正了解孩子，也无法帮助他实现感统能力的发展，更会限制孩子的成长。

培养自信心原则：重视孩子的点滴进步

相信我们都知道自信对于一个人成长的重要性，对于成长阶段的儿童来说更是如此。自信在感觉统合能力的训练中尤为重要，因为很多情况下，感觉统合失调的儿童在学习和生活中本来就容易产生自卑感，所以父母要经常用积极、正面的赞扬和肯定的目光鼓励孩子，让孩子感到成功的喜悦，帮助他们逐步培养起对感觉统合训练的信心。当孩子没能很好地完成训练时，父母千万不能在言语和行为上打击孩子，否则会使孩子参与感觉统合训练的积极性大大下降。

那么，具体来说，在家庭中的感统训练中，我们该如何贯穿这一原则呢？

1. 接纳孩子

感统失调的孩子大多缺乏安全感，只有感受到自己被接纳了，才会慢慢建立起安全感。其实不只是孩子，我们成人也是如此，被人接纳，是一种本能的情感需要。

在我们对孩子进行感统训练的初步阶段，孩子的这种心理需求尤为明显。父母必须熟悉这种心理状态，并与孩子之间形成融洽的训练关系，这样才能帮助孩子消除心理上的不安全感，一旦孩子建立和父母之间的信任关系，也将有利于我们后面对孩子的训练的开展。

儿童被接纳的程度决定着感觉统合训练的效果。所以，父

母要在每一次感觉统合训练中调控自己的言语和行为，用温和的态度、愉快的表情、温柔的话语、积极地沟通、善意地接触等方式给儿童传递一种积极接纳的信息。同时，父母不能用一种高高在上的态度命令孩子训练，这会让孩子产生抵触心理。如果父母对孩子稍稍表现出不耐烦和拒绝意义的言行，就会伤害到孩子的自尊心，影响感觉统合训练的积极性。

2. 让孩子感到被重视

在感觉统合训练过程中，可能有些父母会更注重训练的规范要求和操作要领，而忽视了孩子本身实践的过程。儿童"察言观色"的能力非常强，他们在按照要求完成任务的同时，还会时刻关注父母对自己的态度，并且非常希望自己的所作所为能受到重视。而一旦孩子感觉自己受到的重视度不够，就会认为父母不喜欢自己，导致自信心受到严重挫伤，甚至还会因此产生强烈的抵触情绪，拒绝进行感觉统合训练。

针对儿童的这种心理，父母要通过言语、目光、表情、姿势、做记录等途径来向儿童传达一种"我很重视你"的态度。

3. 经常肯定孩子的表现

培养孩子自信心的另一个重要方式，就是要经常对他们进行真诚地表扬和鼓励。这样，孩子才能知道自己的所作所为是否有意义，并在内心逐步认可自己的能力，获得感觉统合训练的动力。

在感觉统合训练中，父母要发现孩子的不足之处，同时也

要把孩子的闪光点看在眼里，并试着从成功的细节里提出孩子需要进一步完善的方面。

4. 不要总是批评孩子

有的父母认为"棍棒之下出人才"。而事实上，那些很少受到父母表扬、总是被父母批评的孩子很容易对自己失去自信心，对自己力所能及的事都会产生退缩心理，从而慢慢地失去主动性，形成对任何事都漠不关心的态度。

5. 关注孩子的点滴进步

有的孩子学习成绩差，家长总是焦急甚至埋怨。要知道，孩子的学习成绩的转化是需要有个过程的，今天的他考五十分，你不可能让他明天就考一百分。因此，你需要有耐心，要关注孩子的点滴进步，如果他们的努力和进步被忽略，或者努力没有取得任何效果，孩子就会怀疑自己的能力，进而产生无助感。

所以，家长要特别关注孩子的点滴进步，发现他们的闪光点，要善于纵向比较，多表扬和鼓励，让孩子看到自己努力的成果，从而产生自信，减少挫折感。

6. 鼓励孩子大胆尝试

孩子都是充满好奇心的，他们很喜欢尝试，对此，家长应给予鼓励和指导，千万不要打击孩子动手的积极性，即便是做错了，也不要训斥，要积极无条件地关注自己的孩子，鼓励和帮助他们树立自信心，排除挫折，远离无助感。

7. 防止孩子因受挫而丧失自信

美国的心理学家曾经教给父母们一个叫作"3C"的办法来帮助孩子们走出困境。所谓"3C"是指Control（调整），Challenge（挑战）和Commitment（承诺）。

"调整"是为了帮助孩子了解"困难并不等于绝境"——"我知道没评上小红花你很不高兴，但我相信你下学期会更努力，一定能得到小红花，可能还能评上'好孩子'呢。"

而给孩子"挑战"的感觉则是为了让他学会在不高兴的事情中看到快乐的一面——"转学到一个陌生的幼儿园是让人很不开心，但我知道你不管到哪里都能交到很多好朋友。"

最后一条是"承诺"，用"承诺"的方式帮助孩子看到生活更为广大的目的和意义——"爸爸没来看你跳舞你一定很伤心，但我们都知道爸爸希望你能跳得非常非常好。"

以上就是感觉统合训练的培养自信心原则。在每次感觉统合训练结束后，各位父母应当对孩子取得的成果进行及时、认真和积极的评价，这样才能在感统训练时，有效地培养孩子的自信心。

针对性原则：针对孩子的具体情况训练

作为父母，我们都知道，我们的孩子都是独一无二的个体，是与众不同的，且他们的个性、爱好、兴趣等方面都有着

不同。同样，在家庭的感觉统合训练中，我们孩子身上的问题也可能与其他孩子不同，我们要充分认识到这一点，在对孩子进行训练时，考虑其个体因素，不能一概而论，更不能眉毛胡子一把抓。在为孩子制订训练计划时，要针对孩子的特点设计最合适的训练内容，要求既不能太困难，以免打击孩子的积极性，也不能太简单，让孩子感觉无趣。一个富有针对性的训练，才是最有效的。

那么，我们如何执行感统训练中的针对性原则呢？

1. 了解孩子身上存在的具体问题

一天，某心理诊所来了一位妈妈，这位妈妈带着一个大约四五岁的男孩，妈妈一脸着急的样子："我的孩子自从去年上幼儿园开始，就调皮捣蛋，动来动去，在学校根本不好好听课，还经常打其他小朋友，这不，老师告诉我，他要再这样，就不让他去上学了，我听说孩子的这种情况是多动症，医生，多动症怎么治呢？"

听了这位妈妈的话，医生说："孩子有这些情况，可能是感觉统合能力失调，这还要看其他方面的综合表现，不能断定孩子是多动症，每个孩子的问题都不同，你别急，我们先来看看孩子到底什么情况。"

这位医生的话很有道理，每个孩子身上的问题都不同，也包括那些感觉统合失调的孩子，家长不能因为孩子某些行为习惯反常，就对其"贴标签"，这不但容易打击孩子的积极性和自

信心，还易因对孩子问题错误的判断而造成训练方式的偏差。

教育心理学家建议，对于孩子感觉统合存在的问题，我们可以借助各种测评量表和观察手段来进行了解。虽然这些测评有相对统一的模式和相同的评估工具，但是针对不同的个体还是要有所差别。我们家长需要对孩子的年龄、性格、兴趣爱好、身体状况、日常行为、游戏交往、学习状态等进行细致的观察，然后对测评的侧重点和测评的方式做出有针对性的改变。

2. 为孩子制订个性化训练方案

在我们家长了解了孩子的发展水平、学习能力及障碍特点有哪些不同后，就要有针对性地制订出切实可行的目标和训练计划，设计出最适合孩子个性发展的训练内容和训练进度。以年龄差异为例，几个月大的孩子喜欢一些色彩鲜艳、声音刺激丰富的游戏活动；1岁的孩子喜欢球类、转动类和滑行类的训练；3岁的孩子则特别钟爱复杂的、大型的训练。所以，我们家长要因人而异设计出最合适的训练方案，切忌对所有孩子都采取同样的训练标准。

3. 给予针对性的评价和反馈

评价反馈的针对性主要体现在根据训练目标选择评价的内容和方式。同时，做出的评价不能空泛，要正确、客观、突出重点，以帮助孩子更好地达成训练目标。

（1）有针对性地进行实时评价。我们家长需要对孩子的精神状态、积极性、主动性以及操作完成的正确性等做出实时评

价，并及时与孩子交流。同时要注意，在训练初期需要提高孩子的兴趣，减少他们对训练的恐惧心理，所以这个时期的实时评价要针对孩子的积极性以及对要求的理解和执行情况，而不应该针对其操作的规范性和坚持性。

（2）有针对性地进行阶段评价。在经过一段时间的训练后，我们需要针对孩子阶段性的训练成绩和出现的问题进行系统性的评价和反馈，并认真反思总结。

以上就是感觉统合训练的针对性原则，每个孩子的性格及感统失调的情况都不一样，所在对孩子进行感统训练时，要针对每个孩子各自的情况，选择适合孩子的感统训练方式。

兴趣性原则：兴趣是最好的老师

在前面小节中，我们提及，每个孩子都是独立的个体，因此好恶也是不同的，家长要了解孩子的好恶——他喜欢吃的东西和不吃的东西；他最喜欢的运动、课余消遣和活动，他喜欢的衣服，他的特长，他喜欢逛的地方以及最有效的学习方式。迎合孩子的喜好，才能让孩子接受家长的培养方式，也才能更自信。这一点，在家庭中的感统训练中更是如此，这是我们需要坚持的原则。

感觉统合训练同样也需要培养孩子的兴趣。也许刚开始孩

子并不能体会到训练的趣味在哪里，这个时候就需要我们父母对孩子进行细心和系统的引导，并将兴趣的培养作为训练的一部分。也就是说感统训练需要遵循兴趣性原则，那什么是感统训练的兴趣性原则呢？

其实在这里，还需要我们运用感统训练的快乐原则，多让孩子在游戏中进行训练，逐渐树立起孩子对训练的兴趣，提高孩子参与活动的积极性。另外，也要帮助孩子克服训练中因劳累、重复、单调引起的心理疲劳，对这些负面情绪进行人为的干预和调控。

其实，无论是感觉统合训练，还是其他的教育活动，都应该以"兴趣"为主题，浓厚的兴趣可以增强家庭教育的效果。比如，我们家长可以根据孩子的兴趣、能力、性格特点，给他创造适宜的活动条件，鼓励他在活动中取得成绩。如孩子画画获得成绩，参加游艺会的表演，自己跨过了小沟等，使他得到成功的喜悦，从而激发自信心。当孩子遇到困难时，要鼓励他自己想办法克服，同时给以适当的帮助，使他不至于在失败面前丧失信心，要善于发现和肯定他的点滴进步。再比如，有些孩子对色彩比较敏感，他们喜欢按自己的意图画出喜欢的动物、花、草和小房子；有些孩子对书法感兴趣，泼墨挥毫，像模像样。对此，家长都要给予鼓励，而不是扼杀孩子的兴趣，这对于培养孩子的自信心是很重要的，他们能从这些小事中获得自我肯定，而这，或许就是启发孩子特殊能力的开端。

　　并且，家长要对孩子的一些兴趣进行积极的暗示，发现孩子的长处，然后着重培养。很多家长只看到很多孩子调皮的一面，为孩子的胡闹而头疼，因为怕麻烦而不给孩子锻炼的机会，却没有注意到孩子所展示出的才华。他们更没有意识到，孩子的才华就像矿石一样，如果不被发现，就失去了闪亮的机会。殊不知，这会在无形之中扼杀孩子的艺术创造力。

　　在感统训练中，如果孩子对某些项目提不起劲儿，表现出消极应付的态度，那我们父母一定要耐心地进行引导，让他们慢慢掌握训练技巧，培养他们对训练的掌控力。这样，孩子才能体会到训练的趣味。

　　培养孩子兴趣的措施有很多，接下来就列举一些。

　　（1）改变训练的形式，不必按照固定程序来引导孩子，尽量让孩子在无意中完成训练的练习。

　　（2）调整训练项目的顺序，先易后难或者难易穿插，尽量让孩子体会到成功的快乐，这样他们才有更多的积极性。

　　（3）在训练中营造出一种轻松愉快的氛围，比如设置一些孩子喜欢的背景音乐，多和孩子谈谈心，讲几个笑话，休息时加几个有趣的游戏，这些都能帮助提高孩子的训练兴趣。

　　兴趣与训练，就如同糖衣和苦药。感觉统合训练的难点就在于如何让兴趣推动训练的进程，特别是一些重复性较强且比较枯燥的项目。解决这个问题的最好办法就是时刻关注孩子的心理状态和行为状态，如唤醒水平、集中性、努力程度、主动

性、动作完成的质量、速度以及各环节之间的衔接等，然后认真分析，实时加以调整，让孩子保持较高的训练兴趣。

相反，如果感统训练没有将兴趣性原则考虑到其中，会导致孩子积累大量无关经验，不能有效解决问题；如果仅注重训练而忽视对兴趣的关注，僵硬死板地按要求做事，强迫孩子完成各种指令，可能会让孩子产生逆反心理，这会让家长和我们父母备感头疼，对训练有害而无益。

循序渐进原则：感觉统合训练不可急于求成

前面提及，感觉统合训练绝对不能是盲目的，而是要依据感统训练的原则进行科学有效的训练。因为孩子身体机能的成熟、功能的完善是一个阶段性的发展过程，对于某种行为动作的形成，要受到人体生理机能的制约，以及条件反射、分析综合、逻辑思维规律的支配。所以，感觉统合能力不是在短期的训练中就能形成的，需要一个循序渐进的发展过程。这就要求我们家长明白，在家庭中的感觉统合训练中，一定要有耐心，要给孩子一定的时间，而不能拔苗助长，落得个舍本求末的后果。

那么，感统训练的循序渐进原则是什么呢？感统训练的循序渐进原则主要体现在以下几个方面：

1. 感统训练难度

在这一问题上，我们最好遵从由易到难的总体趋势。在一开始时，不宜采取过高的强度，否则很容易让儿童产生排斥心理，尤其是一些感觉失调问题比较复杂的儿童，可能在接受几次感统训练后就会消极应对，甚至拒绝参与。相反，多进行一些比较简单的感统训练能够充分调动儿童的积极性，在儿童适应之后慢慢增加感统训练难度，会有事半功倍的效果。

2. 感统训练内容

由于孩子的脑神经需要一定的发展过程，所以感统训练的原则就是由单一领域的专项感统训练发展到多个领域的整合感统训练，逐步提高儿童各感觉通道之间的信息交流和整合，以及感觉与动作间的协调与反馈。

3. 感统训练方式

由被动感统训练、助动感统训练逐渐过渡到以主动感统训练为主体，使儿童在掌握正确操作要领和安全保护技能的基础上，逐步提高其参加感统训练的主动性与积极性。

以上我们谈及循序渐进原则在儿童感觉统合训练中的几大方面，另外，在具体的训练中，为了彻底贯彻这一原则，心理学家建议我们父母做到以下几点：

1. 每个孩子的智力水平和动手能力都不同，对孩子进行感统训练要有耐心

在这一过程中，如果孩子训练的效果不好，或者遇到了难

题，我们不必着急，也不必急于指正，更不要大声呵斥孩子。我们最好耐心地告诉孩子，承认自己也犯过类似错误，然后巧妙地指出孩子的错误，这对培养孩子的自信心有极大的帮助。

2. 在游戏中训练，激发孩子的兴趣

孩子的成长是玩乐中进行的，其中就包括动手能力和智力发展，同样，要激发孩子的感觉统合训练的兴趣，我们也要从游戏开始。在游戏中，不但能开发孩子的感知觉、注意、记忆、思维、想象能力，也能训练孩子的精细动作训练能力，甚至还包括孩子的合作能力、解决问题的能力，而这些，在孩子的各项能力发展中都有着至关重要的影响。

3. 遇到难题时让孩子自己去解决

在感统训练的过程中，我们的孩子难免会遇到一些问题，此时，他们可能希望你来解决，但如果你总是替孩子解决，那么，孩子就会形成依赖性，并且，也违背了我们对其进行训练的初衷。

因此，在做训练时，我们不妨示弱，或者鼓励孩子，让孩子自己去分析，在此基础上再教给孩子分析问题的方法、考虑问题的思路。经过长期的训练，孩子遇到问题后自然就知道该如何思考了。

以上就是感统训练的循序渐进原则，将感统训练的原则贯穿始末，对感统训练有着非常重要的指导意义和促进作用。

第07章

家庭中的感觉统合能力训练

生活中，孩子不合群、黏人、怕陌生人、怕陌生环境、容易焦虑、好动不安、注意力不集中等行为，都是父母的教育难题。孩子对于外界反应过于敏感，可能会影响孩子的情绪和人格健全发展。所以在本章中，针对性地为大家整理了儿童触觉感统失调训练方法，希望这些能够帮助大家。

强化前庭觉的感觉统合训练

我们都知道，前庭感受器是人耳内除了听觉感受器以外的重要感觉器官，感受人体的空间位置和运动情况，对于人体运动的调节以及平衡的维持具有特殊作用。人体在进行前后、上下的直线运动或旋转运动、速度的变化时，都会刺激前庭感受器。即使人体在静止时，也同样通过这类感受器来感受头部的空间位置，并使其产生重力感觉。所以，内耳的前庭感受器每时每刻都在向大脑传送着有关信息。这些由前庭感受器产生的感觉称为前庭感觉。它可以非常精确地告诉我们，现在是什么位置、身体处于运动还是静止状态、行走的速度有多快、运动的方向等。

对于成长期的孩子来说，前庭觉掌管人的平衡感，能避免孩子在行走时跌倒，并进行自我保护。前庭觉的平衡与日常生活息息相关，从行站坐卧、吃饭洗澡、搭车骑车到读书写字，都依赖前庭觉的协调。

前庭所提供的信息，就像飞机或太空船的方向陀螺提供的信息。试想，如果飞机或太空船上的方向陀螺仪坏了，飞行员还能知道飞机或太空船航行的方向以及何时改变方位吗？同样，如果一个孩子的前庭系统无法一致而准确地发挥功能，其他感觉的功能将难以得到正常发挥，表现为行走容易摔倒或端坐时姿势不正、胆小等。

前庭系统是极为敏感的，位置或动作的任何改变都对大脑有很大影响。这种影响始于胎儿早期，在怀孕的第十或十一周便开始发挥功能。5个月左右的胎儿，前庭系统已经发展得很好。可以说，在整个怀孕期间，母亲均以她身体的运动来刺激胎儿的前庭系统。

前庭觉发育不好，会影响儿童正常的生长发育，因为姿势的平衡以及运动的进行都依赖于前庭系统的运作。如人在运动中加速或减速时，头部以及各个部位都需要保持平衡，这跟前庭系统的功能是分不开的。由此可见，前庭训练是十分重要的。

前庭觉从胎儿时期已快速发展，越早给予孩子的前庭觉适当刺激，对孩子的平衡感、反应速度及动作敏捷、情绪稳定越有益。那么，如何做前庭觉的训练呢？

下面介绍3个简单易做的前庭觉训练游戏。

1. 被动爬行

这一游戏更适用于3~9个月的孩子，在游戏中，无论是孩子的头、颈、背部，还是四肢肌肉，都能得到训练。

游戏时间：1~2分钟。

具体操作方法：父母可以把孩子放到地毯或者爬行垫上，然后抱着孩子的腰腹部，让孩子向前蹬腿或者爬行。因为这一阶段的孩子年龄尚小，不足以支撑自己的身体，因此爬行的动

作需要在父母的协助下完成。

不过，我们需要注意的是，一开始孩子训练的时间不可过长，随着孩子年龄的增长，可以适当延长爬行的时间。

另外，当孩子学会了爬行后，我们可以为其设置一定的障碍物，锻炼他的思维和反应能力。

2. 跷跷板

这一游戏适用于12个月至3岁的孩子，能锻炼孩子肢体的灵活性，促进手脚协调能力的发展。

游戏时间：每周可进行2~3次，每次约10分钟。

具体操作方法：准备一根直径约15~20厘米、长约1.5米的木棍或木板，毛巾被或者小毛毯一条，软垫一个，木凳一张。

家长用毛巾被或者毛毯将木棍或木板一端包好，以木凳作为中心支撑点，把木棍或木板放在木凳上。在木棍或木板包好的一端下面的地板上铺上软垫，让孩子坐在包好的一端，双手

抱紧木棍或木板，家长手握住另一端，以木凳为支撑点，模仿玩跷跷板的样子，上下压动。

不过，在游戏的过程中，我们家长要在旁边保护好孩子。鼓励孩子做不同的尝试，如可将木棍或木板压平，让孩子在空中做划船状，并让孩子逐渐把手松开或举起等。

3. 灌篮高手

这一游戏适用于 4~10 岁的孩子，能达到锻炼孩子的四肢肌肉和手眼协调能力，矫正前庭觉失调的目的。

游戏时间：每周进行 2~3 次，每次 10~20 分钟。

具体操作方法：准备一个篮球，根据孩子的身高和弹跳能力，在高处挂一个篮筐，让孩子往高处投球，直到能将球准确地投进去。

此处，篮筐高度可以根据孩子的实际情况来调节。

游戏过程中，家长应积极鼓励孩子，让孩子有信心坚持下去，也可以和孩子一起玩，增加游戏的乐趣。

强化本体觉的感觉统合训练

本体感觉系统几乎与皮肤感觉系统一样庞大，它的感觉器官是一些藏在肌肉、肌腱、关节里的本体觉受器。因为有了本体觉觉的存在，人类才能在不去看自己的脚时，也能顺利地走

路；不去看自己坐的姿势时，也能保持适宜的姿态。如果躯干和腿不能传来适当的本体觉受，那么在进出汽车、上下楼梯、爬高、走平衡木，或是做运动时，都有困难。如果手传来的本体觉受不能充分告诉我们手在做什么，那么，扣扣子、系鞋带、从口袋里拿东西或拧水龙头、握笔写字等都会发生困难。那时，人类只能依靠视觉传来的信息。

本体感觉不良的孩子，如果不能用眼睛看时，通常做任何事都很困难，即使有眼睛的帮助，动作也难以协调。因为缺乏足够的信息刺激大脑产生指令性调节动作，动作会显得笨拙，到陌生环境容易迷失方向等。另外，由于大脑花费了大量的能量去处理一般人不必费劲就完成的事，所以，孩子没有足够的能力来完成更复杂的学习、认知任务。

对于成长中的孩子来说，本体觉感统训练主要发展儿童的运动企划能力，提高儿童动作的精细程度以及不同肢体动作间的协调性，它能够促进前庭觉、视觉等感觉系统调控躯体的平衡，对儿童脑功能的发育、日常活动、学习活动以及成年后的工作生活产生深远的影响。由于本体觉觉的感受器分布于肌肉、肌腱及关节周围，所以本体觉能力的感统训练需要通过多种方式来实现。

如果儿童存在本体觉感统失调，身体形象不佳、协调性差等问题，只要采取正确的本体觉训练，就能帮助儿童恢复正常。下面就给大家推荐几种可以在家里帮助孩子强化本体觉感

统训练的方法。

1. 飞翔

（1）大人把孩子举到肩膀上坐稳，并左右摇晃，同时让孩子抬高头部，收缩胸部和四肢，模仿飞机起飞的样子。

（2）大人仰躺在地板上，然后让孩子面对面躺在大人身上。大人将双手伸直顶住孩子的肩部，同时双脚弯曲托住孩子的腰部，用双脚的力量进行前后左右摇晃。

这一训练能强化肌肉感觉，帮助建立身体形象。适用于身体灵活度不足、肌肉反应迟钝的孩子。

2. 抓手指头

（1）准备一个较大的空纸箱，将首尾两面打开。然后大人与孩子分别从纸箱的一面将手伸进去，并用同一根手指互相触碰，观察孩子的反应是否正确、灵敏。

（2）大人也可以准备一些玩具放在箱子内，然后让孩子闭着眼睛触摸，并判断是什么玩具。

这一训练强化末梢神经的敏感度，建立更细层次的本体觉。适用于四肢僵化、身体协调性差、本体觉不良的孩子。

3. 转身训练

（1）让孩子坐在垫子上，大人固定住孩子的脚，然后让他的头部、手、脚、腰等部位左右转动。若是头部紧张度、反应度较低，就要注意协调各部位肌肉的同时收缩能力。

（2）让孩子在垫子上进行翻滚动作，这可以强化颈部控制

力和对全身肌肉的掌握，有助于本体感觉的发展。

这一训练能强化本体觉和双侧协调能力，促进运动协调能力的发展。适用于四肢反应僵化、灵活度不足的孩子。

4.过山洞

（1）大人准备两个一样的凳子，然后用一块木板搭在两个凳子中间，可以对木板高度进行多次变换，让孩子俯卧或仰躺着从木板下面钻过去。

（2）调整木板高度，让孩子站在或躺在小滑板上，慢慢地从木板下面滑行过去。

（3）让孩子携带一些玩具、球类物品从木板下面钻过去。

这一训练能强化身体灵活度、丰富运动企划能力、健全本体感觉。适用于容易撞墙摔倒、行动笨拙、身体协调性差的孩子。

5. 鱼儿游泳

大人拿出一条毛巾或者薄的毯子，然后让孩子仰躺在地板或垫子上，用毛巾在孩子正上方用力扇动出波浪形状。这样能刺激到孩子的视线，扇动带起的风也会给孩子全身带来触觉体验，促进筋骨反应，强化本体感觉。在训练时，也可以让孩子抱着毛线玩具，这样能更加强化孩子的触觉体验和肌肉反应。

这一训练能强化对外界环境的反应能力。适用于身体反应迟钝、本体感觉不足的孩子。

以上这些感统训练方法都对强化儿童本体觉有着很大的帮助。当然您也可以带您的孩子去专业的感统训练机构进行感统方面的强化训练，因为感统训练对孩子的成长是只有好处没有坏处的。

孩子触觉过分敏感的感觉统合训练

触觉是人体分布最广和最复杂的感觉系统，包括热觉、重量感觉等。对于新生儿来说，触觉是他们认识外界的最主要的渠道。所以，针对触觉的训练非常有必要，因为经过训练的触觉系统敏感度和未经过训练的触觉系统敏感度有着十分明显的区别。

孩子的触觉敏感期主要在1~3岁。在此之前家长要为孩子

触觉发育做好基础准备，在此之后要进行巩固练习，但最主要的训练还是要集中在1~3岁这个阶段。

宝宝触觉过分敏感主要表现在偏食、挑食，不爱吃菜；吃手或咬指甲；情绪不稳定，爱发脾气；陌生环境胆小、怕黑、黏人或紧张、退缩，不敢表现；对小伤小痛特别敏感；不合群或不会和别人玩，爱惹人等。那么，面对孩子这样的情况，我们该如何训练呢？以下是一些训练方法。

1. 梳头游戏

用梳子的尖端刺激孩子的头皮，并顺势梳头，也可以让孩子自己做，这对手指的精细动作和了解自身形象都有帮助。

这是对孩子进行触觉刺激的训练。梳头法适合于触觉敏感的孩子，这种方法具有觉醒的调节功能，还可以增进亲子关系，对人际关系的强化很有帮助。

具体方法：用梳子刺激孩子的头皮，并且进行顺其自然的梳头训练，指导孩子顺应身体的动作。首先用右手从右至左往后梳25下；然后用左手从左至右往后梳25下；再用同样的方法从前往后、从后向前各梳25下，一次总共梳100下。这对孩子生活习惯的养成也有好处。家长也可以示范一次后，让孩子自己梳，这样对孩子精细运动的发展很有帮助。

不过，有几点我们家长要注意，一是在梳头游戏中，家长要注意孩子的敏感部位，以便采取相应的方式对其敏感部位进行摩擦训练；二是应选用木梳，这样可以避免静电反应对孩子

的损害；三是用力不要过大，以免损伤孩子的头皮。

2. 冷热水刺激

在安全范围内，让孩子感受不同的水温带来的刺激，可以主要由手来感受，家长也可先做示范，并观察孩子的表现。

这是通过戏水对孩子进行触觉刺激的训练，是用水的刺激力和水温来强化孩子的肌肤神经，可以促进其触觉信息的调适。戏水适用范围广，方式多，在感觉统合训练中的效果最好。

具体方法：可用莲蓬头喷射孩子身体的各个部位，也可以让孩子浸泡在浴池中，或在池子里学习游泳。可用冷、温、热三种不同的水温，让孩子分别去试，也叫"三温暖游戏"。

这里，我们要注意，大人要陪同孩子一起训练，水温要合适。莲蓬头喷射的强度不要太大，要循序渐进。

3. 刷身游戏

以中等力度用刷子（也可以用毛巾、海绵、软刷子等替代）刷孩子的手臂、前胸、后背、足部，可以边讲故事或唱歌，保持轻松氛围，以免孩子紧张。也可用绸布擦孩子的背部、腕部、颜面部、手脚等部位的皮肤，来进行触觉的强化。

具体方法：用干毛巾或丝绸等柔软的绸布擦孩子的手臂、足部、胸部和背部。对反应敏感的孩子不要太用力，以帮助其慢慢适应；对反应迟钝的孩子用力可稍大些，以活化接收神经。为了让孩子放松、不紧张，可以边做边讲故事或唱歌，营造轻松快乐的气氛。

我们需要注意的是，为避免损伤孩子的皮肤，一是用的绸布要柔软、清洁；二是手法要轻，用力要均匀；三是可以在孩子身上涂少量爽身粉。

不过，作为父母，我们需要注意的是，在家庭中进行触觉刺激的训练时，每次训练的时间应超过30分钟。这是因为，触觉刺激对神经系统产生影响的时间一般在30分钟以上，而且时间越长效果越好。但在实际操作中，时间长短要根据孩子的耐受程度来确定。

强化孩子语言发展的感觉统合训练

我们都知道，语言是交际的工具，思维的武器。对一个孩子来讲，及早掌握语言是很重要的。刚出生的新生儿是不会说话的，在正确的教育下，4~5岁幼儿的语言已经很丰富了，仅仅几年的功夫，孩子就能把人类几千年创造的语言财富基本掌握下来，这在儿童的发育过程中是个很大的跃进。

但在这一过程中，我们需要对孩子进行训练，也就是训练孩子的语言能力。儿童语言能力训练，包括发声、认字、写字、语言逻辑、组句、对话、阅读以及对词汇的认和理解训练等。儿童语言能力是由身体和大脑协调产生的，更大程度上是一种技巧。发展儿童语言能力不能只靠知识的传授，也不能完全依靠模仿，它需要付出时间和耐心慢慢发展成熟，也需要努力和意愿来累积经验。

儿童语言能力是以先天神经遗传为基础，并在与外界环境的信息交换中逐渐发展的，它包含着非常复杂的大脑神经活动，是一种高级的智能。新生儿的语言适应能力很强，在孩子8个月大时，理论上可以学习任何国家的语言。但是，随着儿童不断长大，这种能力会呈现出下降的趋势。所以，对儿童的语言能力感统训练一定要抓住这一黄金时期。

儿童的语言能力出现问题，大多是前庭平衡、固有感觉、脑干神经体系及知觉体系发展不全所导致的。针对这种情况，

为您推荐几种强化儿童语言能力的感统训练的方法。

1. 走"一"字

这一训练能强化本体觉和运动企划能力，适用于词汇体系发展不佳、语句组织不良的孩子。

训练方法：

（1）在地上用笔画出或者用线摆出一些排列整齐的"一"字，然后让孩子一步一步踩在上面走过去。刚开始时可以用脚跟接脚尖方式，慢慢往前走。等孩子熟悉后可以用脚尖先着地，脚挨脚往前走。训练时大人要时刻在旁边看护，防止儿童摔倒。

（2）可以适当增加难度，让儿童端着小水盆或其他物品从上面走过。

2. 拍球

这一训练能强化本体感觉、手眼协调能力以及运动企划能力。适用于词汇体系发展不佳、语句组织不良的孩子。

训练方法：

（1）可以用羽毛球拍充当球棒，大人投出塑料球让孩子挥动球拍击打。

（2）大人将塑料球从地上滚出去，让孩子用球拍或手掌击球。

（3）用长木板制成一个斜坡，大人从斜坡上端把球一个个滚下来，让孩子在斜坡下端用球拍将球一个个击高。

3. 铁圈

这一训练能够丰富即兴式运动企划能力，适用于欠缺沟通能力、词汇理解能力差、人际关系不佳的孩子。

训练方法：

（1）用铁丝围成一个直径约20厘米的圆圈，并用毛线绕在铁丝上面，防止剐伤孩子。然后大人和孩子分别握住铁圈的两端，互相往怀里拉，看谁力气大。

（2）大人与孩子分开一段距离站好，然后互相抛掷铁圈。

（3）在地上摆放几种玩具，让孩子投掷铁圈来套住玩具。

（4）让孩子将铁圈竖直拿在手里，然后把铁圈沿着地面向前方滚出去。此动作可先由大人示范给孩子学习。

（5）让孩子发挥想象力，动手将铁圈弯曲成各种不同的

形状。

4. 兔子跳跳跳

这一训练能丰富运动企划能力，强化固有感觉的前庭平衡能力。适用于语言词汇体系发展不良、组织力不佳的孩子。

训练方法：

（1）将几床厚棉被叠好放在床上，然后让孩子从较高的位置跃下。大人要做好防护工作，以免发生意外。

（2）将气球倒挂在叠好的棉被上方，让孩子借助棉被的弹力向上跳跃，同时举高双手拍打气球。

5. 瓶子中的宝贝

这一训练能强化本体感觉和运动企划能力，适用于缺乏沟通能力、过于安静和易情绪化的孩子。

训练方法：

（1）大人准备一个瓶口较大的不透明的瓶子，并在里面放一些孩子常玩的玩具。然后让孩子将手伸进瓶子内取出玩具，并说出玩具的名称。

（2）大人指定一种玩具，让孩子从瓶子中找出来。

（3）让孩子将瓶子中的玩具全部倒出来，限定时间让孩子说出所有玩具的名称。

在游戏中培养孩子的社会交往能力

现代社会，任何一个人都需要掌握一定的社会交往能力。人的价值很大一部分是在社会交往中实现的，而我们很多父母也已经认识到这一点，并开始着手培养孩子的这一能力。

这一能力的培养越早越好，心理学研究表明，幼儿期是一个人社会交往能力的迅速发展时期，是其实现社会化的关键期。在这一时期，幼儿通过交往，可以学会合作、分享、协调、助人等社会交往技能。

"我女儿5岁半了，很可爱，就是特爱害羞，碰到熟人也一样，有时甚至还会因害羞而哭闹。我也跟她讲了很多道理，可还是不管用。这该怎么办？"

这是一位漂亮妈妈对儿童心理学家说的话。其实，孩子到

了5岁，正是他初步进行社会交往的阶段，孩子在这个阶段会学习如何面对家人以外的人。在这之前他的身体还不够自如，语言表达也比较简单，更多地需要成人来猜测他的意愿。可以说，他的生活处处依赖成人。而孩子到了这个年龄以后，基本都开始上幼儿园，会接触到很多的同龄小伙伴，生活范围一下子扩大了。这时，他们需要自己去面对很多的"陌生人"，这需要一个适应的过程。

不过，和任何感统训练一样，我们对儿童社会交往能力的训练，也要从游戏开始。专家指出："幼儿园教育应尊重幼儿的身心发展和学习的特点，以游戏为基本活动。"德国幼儿教育家福禄贝尔在《人的教育》中也说道："儿童早期的游戏，是具有深刻意义的，是一切未来生活的胚芽。"可见，游戏对于幼儿的发展有至关重要的作用。

而在幼儿园中，角色游戏是最具社会性的一种交往形式。幼儿通过扮演角色，运用模仿和想象，体验并解决人与人之间的关系问题，从而排除自我中心，积极参与交往求得与环境的融洽和谐。

正如福禄贝尔所说，游戏对于幼儿的发展有至关重要的作用。在幼儿园中，角色游戏最适合幼儿身心游戏发展的需要，是最典型、最具特色、最具有社会性的一种交往形式。

那么，家长具体应该怎么做呢？

1. 为孩子创造轻松的游戏环境

幼儿参与活动的愿望往往建立在游戏之中，为幼儿创设轻松愉快、毫无压抑的环境，才能激发幼儿去主动交往。在角色游戏中，因为没有了成人的直接旁观或干预，幼儿的心理环境通常是比较放松的，容易沉浸在自己的游戏情境中，也大多流露出最自然、最真实的状态。观察中发现，无论是平常性格外向还是内向的孩子，在情绪稳定的前提下，大多数幼儿在角色游戏中都乐于主动地与同伴交往，或是愉快地去接受同伴的主动交往。

2. 给予指导

我们给予适时地指导、启发，是发展幼儿交往能力的重要手段。专家指出："游戏是对幼儿进行全面发展教育的重要形式。"因此，我们如何指导幼儿游戏就显得尤为重要。我们指导游戏就需要介入到幼儿的游戏当中去，介入的目的是引导幼儿继续游戏，从而提高游戏质量，在角色游戏中，促进幼儿交往能力的发展。

3. 创设机会，给他与人接触的机会

除了游戏外，我们可以带孩子参加故事会、联欢活动等，还可以经常带孩子走亲访友，或把邻居小朋友请到家中，拿出玩具、糖果、画报，让孩子慢慢习惯于和别的孩子交往。孩子通常需要安全感，所以起初有家长在一旁陪伴，会让他比较放心。

我们教育孩子，除了给孩子一个轻松舒适的生长环境、优越的生活条件、有品位的生活以外，还需要教会孩子如何自信

的与人交往，而这需要我们在孩子还很小的时候就对其制订一些交往规矩。要知道，一个落落大方、平易近人的人才能赢得别人的赞同、尊重和喜欢，才不会孤独。

家庭中的触觉感统训练方法

触觉是人体发展最早、最基本的感觉，也是人体分布最广、最复杂的感觉系统。在孩子的成长中，触觉是新生宝宝认识世界的主要方式，通过多元的触觉探索，促进了宝宝的动作及认知发展。如果宝宝的触觉系统失调，那将会对宝宝的成长造成很大的影响。所以我们应针对孩子触觉来训练。大量的触觉信息刺激可以帮助孩子大脑对获取信息的辨识能力，进行自我保护和情绪调控，为后期的大脑双侧分化和大脑功能区专责化打基础、做准备。

触觉失调的孩子主要表现是：环境适应不好，不主动参与群体，碰到困难容易退缩或逃避，爱哭不自信等。如果孩子是本体觉失调或前庭觉失调，那么孩子可以在没有自我过多限制和干扰的情况下、在家长的带动下配合进行各种突破性、拔高性训练，通过有计划、多阶段的感统训练之后，孩子会有明显的进步。触摸和抚摸练习，能促使孩子们在周围的环境中寻找类似的感受和体验，从而不断完善自己。

　　触觉练习可以让孩子在"触摸"中不断完善自己，不仅可以提高辨别各种渐趋相似却略有不同的触觉的能力，而且还可以提高孩子控制自己动作的能力。

　　那么，家庭中的触觉感统训练方法有哪些呢？

1. 虫子爬

　　训练目标：提高宝宝的触觉反应力，促进智力发育。

　　适合年龄：0~6个月。

　　工具准备：无。

　　工具摆放：无。

　　操作过程：家长用食指当虫子，在宝宝的手心爬来爬去，同时可以念一些宝宝熟悉的儿歌。

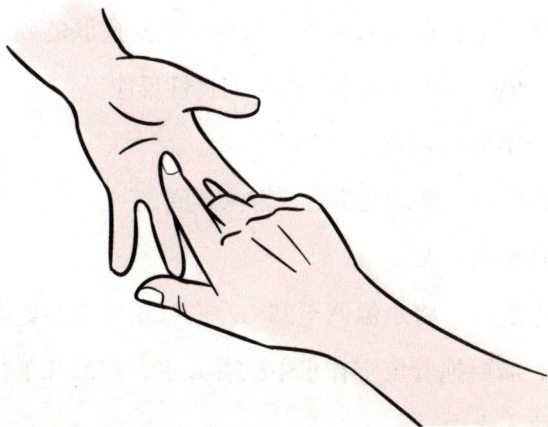

　　游戏时间：5~10分钟。

　　注意事项：用手指做爬的运动时，指甲不能划伤宝宝。

延伸训练：还可以跟着儿歌的节奏做一些摩擦运动。

2. 抓握玩具

训练目标：刺激宝宝的触觉，提高宝宝的手眼协调能力。

适合年龄：0~4个月。

工具准备：各种质地且有声响的玩具。

工具摆放：挂在门、窗、墙上或宝宝的床上。

操作过程：将带响的玩具挂在自家的门、窗、墙上，家长逗引宝宝去抓握。

游戏时间：5~10分钟。

注意事项：玩具应该是环保的，且不能伤害宝宝的皮肤。

延伸训练：也可以买些带响可移动的玩具，让宝宝抓握。

3. 水中游

训练目标：通过水和水压对孩子全身皮肤的刺激，激发孩子神经、免疫和内分泌系统的系列良性反应。

适合年龄：0~6岁。

工具准备：婴幼儿浴缸、游泳颈圈。

工具摆放：无。

操作过程：将水温调至35℃左右，给宝宝戴好游泳颈圈，开始时，需要抱着宝宝在水中试着入水，抱放几下待适应后，将宝宝放入水中。

游戏时间：10~15分钟。

注意事项：室内温度要保持28℃，注意检查颈圈是否有漏

气现象。

延伸训练：宝宝适应后可以进行游泳姿势的学习。

以上这些家庭中的触觉感统训练方法很简单，也很实用，能够有效刺激宝宝的触觉，提高宝宝各方面的触觉能力。当然，您也可以带上您的宝宝去专业的感统训练机构进行感统训练。

我们可以发现，儿童触觉感统失调训练方法大多是刺激孩子的感觉反应，利用游戏和日常的习惯来弱化孩子对于外物的敏感度。希望这些儿童触觉感统失调训练方法，能够帮助孩子健康成长。

第 08 章

家庭中孩子的前庭觉训练如何进行

在大脑后下方脑干的前面，有个微小的雷达式感应器官，称为前庭神经核。它是大脑信息的守门器官，身体任何信息进入大脑，必经前庭神经核过滤，前庭神经核组成的神经体系便是前庭体系。前庭觉失调对孩子的成长有重要的影响，那么，家庭中的前庭觉如何训练呢？本章，我们来看看这一问题。

我们需要掌握的前庭觉小常识

在大脑后下方脑干的前面，有个很小的雷达式感应器官，叫前庭神经核，以此组成的神经体系的功能，便是前庭觉。别看这个雷达小，但是作用却非常重要。

前庭体系必须和平衡体系保持密切的协调，人类才能理解视听信息和身体间的正确关系，进而做出应有的反应，这便是所谓的前庭平衡。处理前庭平衡的整个感觉系统，则称为前庭觉。视、听、嗅、味等感觉，头部和颈部的所有活动，以及这些信息和大脑功能区脑细胞的互动，都属于前庭觉。前庭觉是影响婴幼儿成长和学习最重要的一种能力。

前庭感觉不佳的孩子，常易受来自地心引力的干扰，难以维持内在平衡，大脑保持清晰警觉状态的能力出现障碍，从而表现出多动、注意力不集中。前庭系统不健全，肌肉张力会不足，使人很容易疲倦，孩子常常坐姿不正，注意力涣散。

由于前庭是大脑门槛，整个身体的触觉、关节活动信息也必须在此过滤以选择重要的信息作回应，所以前庭觉必须和平衡感取得完全协调，才能正确辨识身体的空间位置，这便是所谓的前庭平衡。

头部转动或弯曲时，前庭感觉接收器的碳酸钙晶体会离开

原来位置，改变前庭神经系统的传达流程。这种现象在跳跃、跑步、摇晃时更为严重，会使中耳半规管中的惯性液体流动，感觉接收器立刻受到很大的影响。其他像走路、乘船或头部有轻微振动时，前庭感觉也会立刻有反应。在我们所有的感觉器官中，前庭接收器最为敏感，其信息能否对环境产生顺应，也最为重要。

总结起来看，前庭觉主要5个功能。

（1）接受脸部正前方视、听、嗅、味、触五种感觉通道的信息，并做出过滤及辨识再传入大脑，使大脑不至于太忙碌，注意力才能集中，特别是长大以后的视、听性质学习，前庭觉尤其重要。

（2）前庭神经会将信息，由脊髓椎体神经体系传达到身体各部分，通知肌肉的收缩和运动。

（3）很多孩子说话大舌头，手指精细功能不好，手指分离运动不佳，都是因为小肌肉群的收缩能力不好。这种肌肉和关节的信息通过刺激会传到前庭神经以及小脑，如果这方面功能不佳，便无法达成感觉的统合，小孩子会常常跌倒或撞墙，动作上也显得笨手笨脚，甚至害怕行动。更会造成感觉信息的严重不足，影响身体的协调能力。

（4）前庭系统中的网状组织，作用是帮助大脑保持清醒和警觉状态。所以当身体快速转动时，前庭系统必须迅速调节，才能让我们保持适度的清醒。如果前庭系统活动量低，便会呈现不良作用，孩子出现多动及注意力散漫的现象。

（5）重力，也就是地心引力，对人类的影响力最大，人类的翻、爬、坐、站、跑等学习，无一不和重力感有关，掌握重力感的便是前庭网膜。前庭网膜可掌握身体的操作，可协调平衡感、方向感、距离感。因此，前庭网膜的协调以及掌握功能不足，所有的重力感、平衡感都会失常。

前庭觉的发展较早，在孩子胎儿期就开始发育，婴幼儿期间爬行的抬头动作能很有效地刺激前庭觉的发展。

前庭觉不良会造成孩子的专注力不好，学龄前的孩子可能表现不出或不明显。升入小学后，孩子需要在课上安静坐一节课，如果注意力不集中，专注力不好，会造成孩子学习成绩跟不上，孩子自卑，自信心不足，严重影响孩子以后的学业乃至事业发展。

由于父母的溺爱，活动的受限，现代城市中孩子接受自然训练的机会微乎其微，前庭训练尤为重要。感觉统合失调不会随着孩子的年龄增长而自然消失，需要及时给予必要的矫正。尤其前庭觉失调的孩子，随着以后学业压力的加大，专注力问题会更加凸显。

儿童前庭觉失调的表现和影响

前庭觉属于感觉统合能力的一种，由前庭神经核掌控，是

影响孩子成长和学习发展最重要的一种能力。在日常生活中，身体必须保持正常的姿势，这是进行各种活动的必要条件。而正常姿势的维持，则依赖于前庭器官与其他器官协同活动来完成。那么儿童前庭感统失调，在日常生活中的症状有哪些？

前庭觉掌握着人的平衡能力，平衡感不良，造成身体操作不稳定，会形成好动不安的现象。多动的孩子，前庭觉的发展普遍不佳。前庭也包括了语言发展的相关器官，前庭觉不良，小孩语言能力的发育必会遇到障碍。

1. 前庭觉不良的主要表现

前庭随时在告诉我们头和身体的方向，我们的视觉信息也才有意义。所以前庭信息处理不良的孩子，视觉便很难跟着移动的目标，也很难将双眼由一点移到另外的一点。眼肌和颈肌上的信息反应处理也会发生问题，促使眼球的移动不平稳，常会以跳动方式去抓住新目标，造成孩子在阅读、玩球和划线上的困难。

此外，前庭神经会将信息，由脊髓椎体神经体系，传达到身体各部分，通知肌肉的收缩和运动。此时，孩子的小脑会接收到来自前庭神经的信息，感觉统合能力欠佳的情况下，孩子就会出现一系列问题，比如，走路东倒西歪，行为笨拙，经常撞到这里或者那里，甚至不敢有行为动作，严重的还会影响孩子的正常生活和学习。

前庭觉不良，也会产生无法判断视觉空间的现象。空间感

来自身体和重力感的联系，缺乏重力感的孩子，很难有空间透视感，因此常无法判断距离和方向，写字时常把数字、字体或偏旁部首写反，甚至前后反读，阅读困难。在人多的地方容易迷失方向，也会因太靠近人或碰撞他人，而造成人际关系的严重不良。

前庭觉不良，会使儿童经常遭遇挫折，丧失信心，更容易形成恐惧、伤心、生气、过度兴奋等感觉，无法有效压抑及协调，使人格和情绪的健全发展受到严重的阻碍。前庭神经不佳，身体行动及左右脑思考都会陷入混乱，更会引发语言发展的严重障碍，也成了学习困难最主要的原因。

2. 前庭觉失调的影响

前庭觉失调的影响分为五大类：视觉感不良、听觉感不良、触觉过分敏感或过分迟钝、痛觉过分敏感或过分迟钝、精细动作不良。

视觉感不良：这种孩子学习困难，在幼儿园玩积木总赶不上别人，拼图总比别人差，学图画比别人慢，识别图样的异同常有困难，外出则容易迷失方向等。

听觉感不良：表现为对别人的话听而不见，丢三落四，经常忘记老师说的话和留的作业等。

触觉过分敏感或过分迟钝：表现为害怕陌生的环境、吮手、咬指甲、爱哭、爱玩弄生殖器等；过分依恋父母、容易产生分离焦虑，或过分紧张、爱惹别人；偏食或暴饮暴食、脾气

暴躁。

　　痛觉过分敏感或过分迟钝：冒险行为、自伤自残、不懂总结经验教训；或者少动、孤僻、不合群、做事缩手缩脚、缺乏好奇心、缺少探索性行为。

　　精细动作不良：不会系鞋带、扣纽扣、用筷子，手脚笨拙、手工能力差。

　　孩子前庭觉失调的行为表现，不会随着孩子的年龄增长而得到改善。通过有针对性的感统训练，可以改善孩子的前庭觉失调。孩子3岁前是预防期，6岁前是矫正期，10岁前是弥补期。孩子6岁的时候，大脑的发育会达到成人的80%，所以越早进行专业的训练，对孩子的恢复越好。

如何帮助孩子进行前庭功能自检

　　前庭觉失调属于感觉统合失调的其中一种，由我们的前庭神经系统控制。前庭觉失调指的是前庭系统对进过大脑的信息过滤、分析、处理的能力偏离了儿童年龄段的正常水平。那么孩子前庭觉失调的表现具体有哪些呢？

　　（1）踮脚走路，易摔跤，走花台边容易掉下。

　　（2）晕车，晕船。

　　（3）用膝盖跳蹦蹦床，当屈膝时重心向下，身体更容易掌

握平衡。

（4）不敢荡秋千。

（5）久转不晕。

前庭具有信息检索的功能，即我们说的抗干扰能力（注意力不集中），孩子注意力不集中是前庭觉失调的另一种表现，按年龄段分为以下两种：

（1）孩子在3~6岁入幼儿园学习，一个正常孩子在老师的引导下，可以做到在20分钟的一节课里，有效地完成游戏（手工课、音乐课等课程）。而前庭觉失调的孩子是做不到的，往往表现为发呆，走神，容易被其他事物干扰，无法集中注意力跟着老师的节奏参与游戏。

（2）在小学阶段的孩子，前庭觉失调的表现为，上课注意力不集中，做作业容易被其他的声音干扰，做作业时神游、发呆。

如果你发现孩子在成长过程中存在以上问题，请一定不要掉以轻心，孩子极有可能是前庭觉的发展不太理想。当然，并不是说出现以上问题就一定是因为感统失调，比如，孩子语言有问题，可能是口腔肌肉存在某些器质性病变；孩子专注力出现问题，可能是体内存在过量铅元素等。但是，家长还是应该及时带孩子到专业机构进行感统测评，以便能够尽快找出适合孩子的针对性训练方案。

前庭管控人与地心引力之间的关系，即我们说的平衡能

力。孩子前庭觉失调的其中一种表现为身体掌握平衡的能力不佳。在这里，教给大家一个小窍门：想判断孩子是否存在前庭觉失调，可以让孩子头向前倾30度左右，然后原地快速旋转30圈，停止之后立即观察他眼睛的震颤情况。如果震颤停止得极快或极慢，都说明他的前庭功能发展不理想。

当然，如果孩子的前庭失调并不太严重，家长在生活中可以多带他进行一些有益于前庭觉发展的针对性刺激训练，或者在孩子接受正规专业感统训练的同时，配合一定量有益于前庭觉发展的活动或运动，都是非常不错的选择。接下来，我们就给出一些适合在家庭当中或户外公共场合进行的运动或游戏，希望大家都能够有意识地带孩子多做一做！

（1）摇晃运动：荡秋千，俯趴大龙球前后左右摇晃，父母在床上抬起孩子摇晃。

（2）旋转运动：旋转木马，转转椅等。

（3）跳跃性运动：蹦床，跳球，在有弹性的床上跳等。

（4）平衡运动：踩平衡板，走平衡木等。

（5）要求一定姿势的运动：骑脚踏车，爬行，三级跳等。

（6）能带来速度感，距离感，位移感变化的运动：青蛙蹬，对墙抛接球等。

在这里，我们要提醒各位家长的是，在给孩子进行训练的过程中，以上运动可以组合起来进行，但前庭觉的训练强度需要根据孩子的现有水平来定，过低可能毫无效果，过高又可能

引起不适反应（如呕吐等）。所以，即使孩子情况允许（失调不太严重）选择家庭感统训练的方式，也应该定期（建议两三个月）进行感统测评，以便能够随时根据孩子的具体情况调整训练强度和时间等。

家庭中的前庭觉训练游戏

在常见的感统失调中，前庭失调是最容易被我们忽视，但却也是对孩子影响最深远的。所以，作为家长，一定要学会通过观察孩子的日常行为表现，判断孩子是否存在前庭觉失调，以便及时采取训练措施进行改善！

如果你的孩子有以下表现：

（1）好动不安，爱做小动作。

（2）注意力不集中，上课不专心。

（3）听而不见，久转不晕。

（4）平衡能力差，虽看到还经常碰撞座椅门窗。

（5）眼睛容易酸，讨厌阅读。

（6）坐立不安，姿态不良。

（7）无法安静，喜欢爬高却不敢走平衡木。

那么，证明你的孩子有前庭觉失调的征兆，专家建议我们可以在家庭中与孩子进行一些游戏来进行训练，比如：

1. 运送乒乓球

训练目标：训练手部控制能力和平衡能力。

适合年龄：2~3岁。

工具准备：大汤勺一个，盒子两个。两种颜色的乒乓球各10个。

工具摆放：将装有不同颜色球的两个盒子，分别放在相距3~4米的地板两侧。

操作过程：让孩子从一个纸盒中取出一种颜色的乒乓球，放在汤勺中，运送到另一个纸盒中，再取出另一种颜色的乒乓球运回来。来回运送。

游戏时间：10分钟。

注意事项：家长要注意指导孩子动作的规范性和控制孩子的速度。

延伸训练：也可用不同球拍来回运球，确保球不掉下来的

同时，加快速度，来回运送，练习10分钟为宜。

2. 滑行

训练目标：预防四肢无力、大肌肉运作不好、前庭发育不良的情况的发生。

适合年龄：3~6岁。

工具准备：平衡滑板车。

工具摆放：将滑板车放在宽敞光滑的地板上。

操作过程：先让孩子盘腿坐在滑板上，用手滑着向前走，然后再让孩子趴在滑板上，头抬高，脚并拢、小腿抬起，双手在地上用力向前滑。

游戏时间：5~10分钟。

注意事项：家长注意孩子趴在滑板上的重心要稳，滑的过程中不要压到手。

延伸训练：也可让孩子在趴着滑的过程中，脚部夹着沙袋或皮球，这样可提高孩子的专注力，每次训练5~10分钟。

3. 跳、跳、跳

训练目标：强化前庭刺激，强化身体重心。

适合年龄：3~6岁。

工具准备：一个到胸口长的布袋，一个不容易摔伤的场地（草地、橡胶地、垫子）。

工具摆放：确认场地安全，周围没有障碍物。

操作过程：让孩子站在袋子中，双手提起袋子边，双脚同时向前跳，确保平稳的情况下，跳Z形线，曲折前进。

游戏时间：10分钟。

注意事项：家长注意让孩子在袋中站稳再跳，开始起步不要太大，速度不要太快。

延伸训练：待孩子熟练后，可以增大跳的难度，如设置跳的距离为每次跳0.5米等；或设些障碍物，让孩子绕过障碍跳，每次10分钟。

4. 前滚翻

训练目标：训练身体的协调和平衡能力。

适合能力：4~6岁。

工具准备：合适的软垫或瑜伽垫一个。

工具摆放：将垫子放在周围无障碍物的地板上。

操作过程：让孩子模仿家长做前滚翻（双手撑地做好保护），学会以后，先做1~2次，然后再连续做5次，反复练习。

游戏时间：10分钟。

注意事项：家长要先给孩子做示范，指导孩子动作要领，要注意使孩子保持身体成直线，注意安全并给予鼓励。

延伸训练：可以在前滚翻熟练的基础上做后滚翻，并前后混合练习，也可以前后交替练习，练习10分钟。

5. 独脚凳

训练目标：训练孩子身体的控制能力，练习伸展和保持平衡。

适合年龄：3~6岁。

工具准备：一个独脚凳。

工具摆放：放在平稳的板上。

操作过程：让孩子坐在独角凳上，双手放在腿上，腰要挺直，身体保持平衡，让孩子数数或唱儿歌，坚持坐着。

游戏时间：5分钟左右。

注意事项：开始时，家长可以帮助孩子保持平衡，待孩子坐稳后，鼓励孩子坚持，多数数。

延伸训练：家长可以坐在孩子对面与孩子玩传球游戏，也可以让孩子把右手举起来，右脚向上踢到手心，然后再换左手左脚，反复练习10分钟。

第09章

家庭中孩子的本体觉训练如何进行

日常生活中，我们不用看阶梯也能轻易上下楼梯；不用照镜子也能用手摸到眉毛或鼻子；开车时不用看就可以随时踩换油门和刹车；打蚊子时不用眼睛看便可准确打到……这就是本体觉的作用。本体觉本身就是一种能力，一种高度复杂化的神经应变能力。从简单的吃饭、脱衣服、写字、骑车到高难度的体操体能动作都需要本体觉的功能。那么，什么是本体觉，本体觉失调又会怎样呢？带着这些疑问，我们来看看本章的内容。

我们需要掌握的本体觉小常识

在家庭教育中，家长都希望孩子健康成长、学业突出、长大有所作为，然而，孩子似乎表现的不尽人意，对此我们常常感到手足无措，甚至焦头烂额。有些家长不明白，为什么我的孩子动作就特别慢？写作业拖拖拉拉、边写边玩，自觉性、自制力特别差。面对这些问题，还在伤神费脑的家长有没有想过这些问题可能与孩子的本体觉发展障碍有关系，而不是孩子学习态度的问题，所以家长怎么严厉的打骂孩子都是没有用的。

本体觉也是较不为人熟悉、较少被提及的感觉系统，但它在人的发展中常被誉为"智慧的象征"。它的接收器是来自身体躯干及四肢的肌肉、肌腱、关节、纽带等深层组织，所以又叫深部感觉。本体觉与触觉关系十分密切，因为一个在肌肉，一个在皮肤，两者不可分割。本体觉还与视觉，前庭觉互相影响和结连发展，所以有人称为"触觉本体觉"和"前庭本体觉"。

本体觉主要有以下功能：

（1）动作计划：什么是动作计划，比如说我们要跨过一条河，在跨过去之初我们就能合计出我们要先迈左脚还是右脚，用多大力气等，这就是动作计划能力。如果动作计划能力受

限，那结果可能就是掉进水里。

（2）降低警醒度：本体觉项目能很好地抑制中枢神经的兴奋，所以在前庭项目之后，我们可以接着做一个本体觉的项目以控制孩子的兴奋情绪。

（3）与先进触觉系统路径重叠：在长久的训练中我们发现，先进触觉和本体觉存在很多共性，比如警醒度。在前庭刺激后，我们不但可以通过本体觉的刺激抑制中枢神经兴奋，同样也可以通过先进触觉的深压来降低警醒度。

（4）学习理解表现：我们数学中常见到几个或多个步骤的题目，如果本体觉失调，就会造成这种题目做不好的情况。多个步骤的学习涉及动作计划能力，而动作计划能力也同样属于本体觉的重要功能。

（5）动作的品质：我们发现，孩子能够完成很多动作，但是就是完成的不够好不够精准，其实这就是动作品质的问题，"会而不精"就是对这类孩子的概括。

为了促使孩子本体觉不良的正常化，提高其感觉统合功能，日常生活中的训练方法有游泳、跳绳、拍球、搬运东西等。

训练采用的器材有滑梯、滚筒、羊角球、袋鼠跳、双脚踩踏协力车等。本体觉训练的目的可归结为以下几个方面：

（1）身体位置及动作计划。由于本体觉将由肌肉等的信息传到脑、手（通过脊髓）及小脑，经统合做出反应。而对于一

些新的动作变化要透过大脑来控制，做出反应，经由这种重复及回馈的学习过程，信息会储存在大脑，变为本体记忆，以便做出更高层次的动作组织及计划。

（2）姿势的稳定性。由于本体觉是身体的地图，能够提供大量的信息帮助儿童协调大小肌肉，保持姿势的稳定，而姿势的稳定与平衡又是课堂学习的前提条件，是运动训练的基本架构。

（3）控制力度。本体觉帮助我们将动作力度的控制分为不同等级。比如手臂伸直以及用手去拎篮子，估计要用多大力气才能完成，达到拎起的目的。既不要"杀鸡用牛刀"，也不要不自量力地去拎十分重的篮子，估计不足或估计过剩都是本体觉不强的表现。

总的来说，本体觉在儿童的成长中发挥着不可代替的作用。作为父母，我们要关注孩子的本体觉发展，且在必要时给孩子本体觉训练，以帮助孩子健康成长。

儿童本体觉失调的表现和影响

生活中，我们发现，一些孩子吃饭、写作业总是比别人慢半拍，应该认真学习的时候总是爱玩，自觉性和自制力都很差。家长和老师们误以为是儿童的做事态度有问题，因此一味地强迫孩子，但收效甚微。

其实，这些表现并非孩子故意，是因为本体觉感统失调引起的，家长需要对孩子进行正确的生理和心理训练，才能改善这种情况。首先，我们先来了解一下儿童本体觉失调的表现：

（1）动作不协调，身体平衡困难，走路容易跌倒；动作记忆差，学技术困难，穿衣服、扣扣子、拿筷子、系鞋带、写字或绘画的能力远低于正常儿童；体育运动能力差（不会翻滚、骑车、跳绳和拍球等）。

（2）过分怕黑，在暗处经常因不知所措而苦恼，方向感不强，经常迷路和迷失方向。

（3）虚胖，散漫，站姿、坐姿和看书姿势不正常，如托腮、身体向一侧倾斜、易驼背、近视。

（4）动作笨拙，四肢灵活性差。如写字不是用力过度划破纸张就是过轻，分辨线条困难，又如操作玩具因用力不当而损坏。身体概念差，常用眼睛去弥补，因此挫折感多，缺乏自信，消极退缩；自我形象差，情绪控制能力差，爱发脾气，服从执行者指令多，没有创造力。

（5）学习能力低，常有语言阅读、听写和书写障碍，思维迟钝，记忆不良，唱歌发音不准，与人交谈有时口吃。

学生本体觉不良会直接造成空间知觉能力不足，造成学生的数学计算、推理逻辑思维、空间想象等能力较弱，在动作行为上表现为反应较慢、动作迟缓、口述不清、张冠李戴等。空

间知觉智能是身体运动智能和空间智能的结合，是一个人善于运用整个身体来表达自己的想法和感觉，运用双手和身体在空间运用五官解决问题、制造产品的能力。

简单来说，空间知觉是学生从二维空间到三维空间，再到多维空间的相互变换能力的体现，它决定着一个人的想象力、判断力、逻辑推理能力和决策能力、从而影响人的自信和创造力，也是一个人身体智能综合能力的体现。空间知觉能力好的学生，才能真正做到运筹帷幄、决胜千里。

那么，本体觉失调对孩子有什么影响呢？

（1）对学习的影响：对大、小肌肉的控制，手—眼协调，手—耳协调，身—脑协调，动作灵活和灵巧等都属于本体觉能力范畴。如果大脑对手指肌肉控制不好，孩子写什么时当然会慢，写字写不好；手—眼不协调的，看到的和写出来的就会不同，常出现抄错数、写字颠倒等问题；手—耳不协调的，听到的与写出的不一致，听写就容易出问题；身—脑不协调的，大脑对身体控制不良，上课、写作业时身体老转来转去，不安地乱动，小动作多等。另外，因为控制小肌肉和手—脑协调的脑神经与控制舌头、嘴唇肌肉、呼吸和声带的神经是相同的，所以，本体觉不足的孩子，大脑对舌头、嘴唇、声带的控制不灵活，容易造成语言障碍，如语言发育迟缓，发音不清，大舌头、口吃等。

（2）对生活的影响：大小肌肉的不充分发展，将可能会出

现不能很好地解纽扣、取物、抓物等现象，不能根据对象的性质掌握用力的轻重，常常将东西弄碎、弄坏。

（3）对游戏的影响：本体觉失调可能会出现包括肌张力的过高或过低、协调能力的不足、身体形象认识的不到位等。本体的失调直接影响到了动作品质的好坏，而这对于我们常见的大运动、精细游戏是不利的。如体操、踢球、手指游戏等，特别是在竞赛的规则下。

（4）对情绪的影响：本体觉失调的孩子看到别人很自如地踢球、跳绳、跑步，而自己却完成的很艰难，或者说不能玩的比别人好时，就会沮丧，丧失参与活动的积极性。

以上这些就是儿童本体觉感统失调的表现和影响，孩子有以上这些症状时，家长也不要过分担心，可以带孩子去正规的机构进行检测和干预训练，儿童感统失调不是病，科学的干预训练就会好转。

本体觉失调的原因

本体觉是一种高度复杂化的神经应变能力。本体觉的成熟最慢，只有前庭平衡及触觉发展正常，本体觉才可能正常。本体觉可以帮助孩子进行模仿、执行、协调肢体动作等活动，借由使用本体觉，得以学习构音、表达需求、人际沟通，依照

顺序、游刃有余的解开衣服扣子、穿脱衣裤、拆卸与组合玩具等。

孩子在后天成长过程中的转头、翻身、抬头、坐立、爬行、站立、行走等大小肌肉运动发展的同时，也促进了个体的本体觉发展。个体早期的转头、翻身、抬头和爬行对个体本体觉的发展尤为重要。

那么，为什么有的孩子会出现本体觉失调呢？总结起来，可能有以下这些原因：

1. 剖腹产

孩子出生的过程是最早的本体觉学习过程。反抗胎盘内壁的贴附和子宫与产道的收缩是孩子很好的本体与运动学习过程。在触觉学习和运动学习中，胎儿发现了自我身体的全部，促进了本体觉的正常发展。

在正常的分娩过程中，子宫肌、腹肌和提肛肌的收缩，最后经过狭窄的产道挤压，胎儿的肌肤、关节、头部都受到节律性挤压的刺激，胎儿接受了强有力的触觉、本体觉、前庭觉的学习。快捷的剖腹产则剥夺了孩子最原始也是最重要的本体觉学习机会。

2. 隔辈老人的看护

如果孩子由爷爷奶奶等长辈抚养，他和同伴一起玩的时间相对比较少，父母与孩子相处、爱抚孩子的时间也大为不足。加上老人对孩子的过度保护、娇生惯养，甚至一切代劳，剥夺

了儿童学习的机会，他们的本体觉则会相对较差。

3. 幼儿园教育忽视室外运动

现在幼儿园对儿童的教育偏重认知，此外，由于害怕出安全事故，一些幼儿园的室外活动更是尽可能的减少，这也减少了儿童本体觉学习的机会。

4. 家庭教育的误区

父母对儿童寄予很高的希望，迫不及待对儿童进行过早教育、过度教育，在学校学习之余重视各种培训班学习，为孩子报名参加各种各样的补习班，唯独忽视了儿童应有的户外运动。此外，随着电视、电脑、手机等各种媒体过多地进入孩子的生活，家中又缺乏适合孩子的活动项目，儿童应有的活动减少，在成长过程中容易出现本体觉差的现象。

本体觉不是天生就具备的，需要后天的训练。例如，婴儿期的翻身、滚翻、爬行训练；幼儿期的拍球、滑梯、平衡等训练；儿童期的跳绳、踢毽子、游泳、打羽毛球等训练，对孩子本体觉的发育都是非常重要的。

但是，不少家长怕孩子摔着，不让孩子到处爬；过早使用学步车，没让孩子爬就直接走路；老抱着孩子，而不让他自己活动。让孩子看电视、看书、学琴、学画多，运动少，结果阻碍了孩子本体觉的发展，以至影响后天的学习能力。表现为动作笨拙，粗手粗脚，动作慢吞吞，不合群，孤僻，不喜欢翻跟头，不善于玩积木，到陌生环境容易迷失方向。当然这样的

孩子在从事握笔着色、写字等活动时也将会苦不堪言，不但会速度慢、容易累，连一鼓作气完成作业的能力（注意力）也不具备。

因此，完成纸笔作业对这样的孩子来说，真的是件苦差事。家长们也会发现有这类问题的孩子喜欢从事偏静态的活动，例如阅读、自己玩、天马行空的思考、高谈阔论等，却容易有眼高手低、说的比实际做得好的不良习惯。

总的来说，挖掘出儿童本体觉失调的几大原因，有助于我们防微杜渐，改善教育环境和教育方式，防止孩子出现本体觉失调的情况。

家庭中的本体觉训练游戏

本体觉的发展是以前庭和触觉发展为基础和前提的，前庭平衡失调，触觉平衡的个体，其本体觉也会失调。本体觉可以帮助宝宝自主行动，如果本体觉失调，孩子身体的动作就会迟缓笨拙。另外本体觉会影响个体解释知觉及身体空间概念的发展，进而影响个体绘画活动能力及学习能力，从而出现学习问题。

对此，我们可以在家庭中对孩子进行一些游戏训练，具体来说，本体觉训练游戏有：

1. 坐一坐

训练目标：促进宝宝的前庭和本体功能的发展。

适合年龄：4~8个月婴幼儿。

工具准备：棉被、垫子、枕头等。

工具摆放：用上述工具围住孩子的屁股和腰部，放在孩子正后方。

操作过程：让孩子靠着上述摆好的工具做一会儿，渐渐搬掉一些支撑物，孩子的手掌会自然地向前伸，在地上以保持平衡，看上去就像一只小青蛙一样蹲坐在那里。这时家长可以慢慢离得远一点，让孩子独自坐几分钟。

游戏时间：3~5分钟。

注意事项：家长应顺应孩子的发育进程，不要强迫孩子，孩子累了就可以停止。

延伸训练：让孩子一会儿坐一会儿爬，或者翻几个身，促进身体的灵活性。

2. 摸一摸

训练目标：训练孩子的反应能力和本体觉

适合年龄：8个月~3岁。

操作过程：家长坐在孩子对面，家长喊口令，训练孩子摸五官，比如家长喊眉毛，孩子就摸眉毛，家长喊哪孩子摸哪，让孩子摸得准确到位。

游戏时间：10分钟。

注意事项：家长可以先给孩子示范，或者和孩子一起做。

延伸训练：也可以让孩子用另一只手摸五官，就是说如果孩子习惯用右手，就用左手摸五官，或左右手交替着来摸五官，训练10分钟。

3. 练表情

训练目标：加强面部本体感觉。

适合年龄：1~3岁。

工具准备：镜子一面。

工具摆放：放在孩子正前方。

操作过程：让孩子对着镜子看着自己，家长给孩子喊口令让其表达，比如笑、生气等，让孩子去做，让其能掌控自己的表情。

游戏时间：10分钟。

注意事项：家长可以先给孩子做示范。

延伸训练：也可以让孩子和家长比赛，由另一个人喊口令，孩子和家长一起做表情，看谁做得快，或表情做到位等，做10分钟。

4. 拉火车

训练目标：训练身体的操作能力和本体觉。

适合年龄：2~4岁。

工具准备：大小不同的空纸盒4~6个。

工具摆放：把纸箱相对的两侧挖洞并放在地板上。

操作过程：让孩子牵着绳子的一端，拉着一串纸盒在地板上来回移动，并让孩子注意每个纸盒移动时的状态。

游戏时间：10分钟。

注意事项：要放在平坦的地板上，并帮助孩子掌控拉动时的速度。

延伸训练：也可以在地板上设一些障碍，让孩子拉着纸盒小火车，在障碍中来回穿越，直到顺利地穿越障碍，反复练习10分钟。

5. 找妈妈

训练目标：孩子的反应能力和本体觉。

适合年龄：1~4岁。

操作过程：爸爸站在前面挡住妈妈，孩子站在爸爸的对

面，然后开始去抓妈妈，爸爸要极力挡住妈妈，孩子要想办法直到能够抓到妈妈为止，反复进行。

游戏时间：视具体情况定。

注意事项：家长要事先和孩子讲好游戏规则，也要防止孩子摔倒。

延伸训练：也可让孩子和妈妈互换位置，让孩子从主动去抓变为被动的躲。然后说出两种不同的感觉，视具体情况定时间。

6. 坐球游戏

训练目标：强化前庭及脊髓中枢神经健全发展，改善大肌肉发育不良、肢体不灵活的问题，促进身体协调。

适合年龄：2~4岁。

工具准备：球。

工具摆放：将球放在地板上。

操作过程：孩子可以轻轻坐在球上，上半身保持垂直放松的姿势，闭上眼睛，慢慢调整呼吸，直到完全放松，每次10~30分钟不等。也可在坐在球上时，轻轻晃动手脚，进行律动舞蹈。

游戏时间：10~30分钟。

注意事项：孩子坐在球上时，家长要在旁边轻抚球，注意要保护好孩子，不要让孩子从球上滚落受伤

延伸训练：以球代替椅子，让孩子坐在球上看电视、吃饭、做功课，可使其脊髓神经的发展更为健全。

7. 被动操

训练目标：促进宝宝的大动作发展。

适合年龄：0~6个月。

操作方法：妈妈握住孩子的两个手腕，亲切数节拍4拍，从手腕向上4次按摩至肩部，然后从足踝向上4次按摩至大腿部；自胸部开始，按摩由里向外，由上向下按摩至腹部2轮，目的是让孩子身体放松，避免运动损伤。

孩子仰卧位，两臂放身体两侧，妈妈将双手拇指放在孩子掌心，其他4指轻握孩子的双腕，开始以下运动。

上肢运动：将两臂左右分开侧平举，掌心向前，两臂前伸，掌心相对，两臂上举，掌心向前，还原预备姿势。

扩胸运动：将两臂左右分开，两臂胸前交叉，两臂左右分

开，还原。

下肢运动：妈妈两手轻握孩子的脚踝部，将双脚抬起与床面呈45度，左腿屈至腹部（右腿相同），再将双脚抬起与床面呈45度，还原。

举腿运动：妈妈两手轻握孩子的脚踝部，左腿上举与躯干成直角，还原，右腿相同。

放松运动：拍捏孩子的四肢及全身。

游戏时间：每天做一遍全套操即可。

注意事项：把握好做操的力度，不能强行，以免伤及骨头。

延伸训练：可随月龄的增加，适当做主被动操，如翻身运动，俯卧抬腿，拉手起坐，弯腰拾物，扶走运动，跳起运动等。

8. 升降机

训练目标：可以给宝宝空间刺激发展本体觉。

适合年龄：8个月~两岁。

操作过程：妈妈仰卧，腿弯曲，让宝宝趴在弯曲的小腿上，妈妈的小腿上下左右移动，将腿部抬得高一点，可作为进阶动作。

游戏时间：5~10分钟。

注意事项：注意安全。

延伸训练：妈妈可以加快腿部移动的速度来训练宝宝。

总之，儿童的本体觉失调并不会随着年龄增长而消失，需要我们家长引起重视并经常对其进行训练，以帮助孩子获得本体觉的健康发展。

第 10 章

家庭中孩子的触觉训练如何进行

触觉是指分布于全身皮肤上的神经细胞接受来自外界的温度、湿度、疼痛、压力及振动的感觉。触觉统合失调又可以细分为触觉敏感型和触觉迟钝型。触觉感统失调的危害在生活上的影响是巨大的，触觉感统失调的孩子情绪控制能力弱，容易发脾气，暴躁，容易兴奋，胆小，不爱跟人交流，喜欢待在自己熟悉的地方，不喜欢别人触碰自己，黏人，喜欢吮吸手指，咬指甲，挑食，反应慢，运动显得笨拙等。作为父母，我们在家庭教育中要注意孩子的触觉感统发展，一旦发现孩子有触觉失调的现象，要进行积极干预。

我们需要掌握的触觉小常识

在日常生活中，当我们的手触及其他的物体，就会产生感觉，比如衣服是柔软的或粗糙的，水是热的还是冷的，不小心受了伤是痛的还是不痛的，其实，之所以有这样的感觉，是因为有触觉在工作。

多数动物的触觉器是遍布全身的，人的皮肤位于人的体表，依靠表皮的游离神经末梢能感受温度、疼痛等多种感觉。狭义的触觉，指刺激轻轻接触皮肤触觉感受器所引起的肤觉。广义的触觉，还包括增加压力使皮肤部分变形所引起的肤觉，即压觉。一般统称为"触压觉"。

皮肤被抚摸会使血清素活性分泌增加、肾上腺皮质素分泌减少，并带给身体舒适感，同时还可降低压力，让情绪获得纾解。儿童情绪发展和亲子依恋关系的建立，与触觉有重要关联。如果孕妇长期面临沉重的压力，胎儿可能出现长期依赖吸吮拇指来舒缓压力的现象。有些这样的孩子出生时拇指吸吮到变形，也有不幸胎死腹中的案例。

触觉是我们全身感觉细胞最多的一个感觉系统，它遍布我们全身的每一寸皮肤，包括内脏、骨骼、关节等部位，它们在人体各个不同的部位负责传输各种感觉刺激给中枢神经，再

由中枢神经传送到脑功能区。也正是因为触觉细胞遍布全身里里外外，所以我们才能够清楚地感受到冷热、疼痛、肿胀、轻抚或者重压。例如：夏天吃冷饮，我们能够清楚地感受到冰凉的感觉由食道慢慢流向胃部；当身体的某个部位受伤时，我们能够清楚地知道伤痛的具体位置；当有小虫子爬进耳朵里时，耳道内部会感到痒甚至能感觉到虫子在耳朵内部慢慢爬动；初冬的早晨我们走在马路上，一阵冷风袭来，当皮肤感受到冷风时，汗毛瞬间竖起。这些都是感觉系统传递给我们的信息。

此外，触觉也是三大主要感觉系统之一。所谓的三大主要感觉系统包括触觉、前庭觉和本体觉。触觉被称为是一切感觉系统发展的通路，它第一次的最大连接发生在胎儿出生时，来自产道的挤压。胎儿通过产道挤压后形成身体第一层的感觉接收架构，它遍布于我们全身的肌肤表层、内脏、肌肉和骨骼，所以通过产道挤压顺产的孩子在新生儿时期很少会出现触觉不足的现象。

那么，对于成长期的孩子来说，触觉有什么功能呢？总结起来，触觉有六大功能：

1. 安抚情绪

孩子获得触觉的滋养，迷走神经会更加活跃，进而刺激生长激素、胰岛素的分泌，帮助营养吸收，使体重及身高快速成长。反之，如果缺乏抚摸、拥抱，将导致脑部的生长激素减少。根据动物实验研究显示，缺乏抚摸者的脑部神经元死亡率

是正常情况的两倍。

2. 促进成长

遭受痒、蜇、刺、烫等恶性刺激时，为了保护自己免受伤害，本能的出现逃避的反应。

3. 保护性防御

触摸与活动是婴儿学习的起始。触觉会影响运动神经的反应，如触摸唇角诱发吸吮反射，触摸掌心诱发抓握反射等。手的触觉辨识敏锐度能强化手部精细动作协调，先天无手或后天手被截肢的人，如果加强训练脚部，其触觉敏锐度及精细动作协调都会大幅进步，进而取代手的功能。

4. 促进动作灵活

孩子出生后才开始看得见，但视力还很差。相较之下，触觉已稍具基础。孩子累积丰富的触摸经验，可帮助建立正确的视知觉（大小、形状）判断。

5. 辅助视知觉

触觉是婴儿出现正式语言前的沟通途径。触摸可称为最初的语言，是最直接的非语言沟通方式。因此，父母要多拥抱、抚摸、轻拍婴儿，传达对婴儿的关爱、安抚。对于失聪者、失明者，更需依赖触觉补偿欠缺的听觉、视觉信息。经研究证实，当身体的某部位获得的刺激增加时，脑部相对应的感觉区会增大。反之，当身体的某部位缺少刺激时，脑部相对应的感觉区会比一般的缩小许多。

6. 充当沟通技巧

感觉统合能力是一切学习能力的基础，"儿童感觉统合失调"意味着儿童的大脑对身体各器官失去了控制和组合的能力，这将会在不同程度上削弱人的认知能力与适应能力，从而推迟人的社会化进程。

所以，为了让孩子拥有更好的学习能力，我们一定要重视孩子的触觉发展状况，必要时对孩子进行一定的触觉训练。

孩子触觉失调的表现和影响

在孩子成长的过程中，很多家长都会烦恼一件事，那就是让孩子剪头发、剪指甲、洗澡、可以说在做这些事情的时候，孩子最不安分、动来动去，又哭又闹，小的时候可能是因为害怕，可5~6岁的时候还这样是为什么呢？而这样的孩子往往胆子小、脾气大，别人一碰就哇哇大叫。当孩子出现这样的问题时，可能是触觉失调了。

与其他感觉相比，触觉的感受器分布最广，遍布全身的就是我们说的皮肤。触觉从婴儿时期就开始形成，是我们认识世界的最基本的方式。触觉失调就是触觉对外界的反应出现异常，对外界的反应过于敏感或者迟钝。

触觉失调分为触觉敏感与触觉迟钝。触觉失调的孩子往往

有以下表现：

1. 触觉敏感

（1）容易养成触觉依赖。例如：睡觉喜欢咬被角、抓妈妈的手或抱某个布偶或毛毯（巾）；喜欢咬指甲、吸吮大拇指或咬衣领、袖口、铅笔头、嘴唇。

（2）在家或熟悉的环境中和陌生环境中判若两人。与家人或熟人一起互动时，活泼且话多，但又常常言不及义，还容易对亲近的人发脾气，但在陌生环境面对陌生人又表现得"礼貌"且安静。

（3）对某些材质非常抗拒。例如：绒毛类、湿泥巴或颜料。

（4）情绪转换困难。高兴会高兴很久，伤心或生气也会很久，显得有理讲不通或特别不成熟。

（5）对突发状况应变能力差。例如：面对突然有人急冲上来或突然生气大吼，或坐上原本以为稳定的旋转椅而椅子却突然转动时，会身体僵硬、脑袋一片空白，顿时不知所措。

（6）挑食、偏食，对没有尝试过的食物抗拒，对喜欢吃的食物不知节制，容易对某些食物过敏。

（7）对陌生环境安全感建立缓慢，例如：生病请假，孩子恢复健康后，仍会找许多借口不想上学，上学后会重新出现刚入学时的紧张、哭闹的状态。

（8）对声音特别敏感。一点点小小声响或者特别的声音都

可能造成触觉不足的人不安和烦躁。

2. 触觉迟钝

（1）特别"勇敢"与"坚强"。幼儿时期（出生到六岁）打针不大哭、摔跤不觉得疼。

（2）轻微的碰触，孩子察觉不到。例如：有小昆虫爬上身体时，不知驱赶。

（3）探索欲极强但马虎大意。喜欢到处碰、触摸个不停，却容易打翻或挥落桌上的物品。

（4）顽固偏执。一直坚持按自己的方式做事，没有调整的灵活性。

（5）比较大大咧咧。不怕陌生环境或人多的地方，胆子特别大，没有安全意识。

（6）典型的"人来疯"。看到孩子多或到好玩的地方容易兴奋、尖叫。

（7）只能注意到眼前事物，对身边其他事物无法感受。例如：只能看着掉落半路的冰淇淋专注地伤心，无法注意到往来车辆对自己本身可能造成的危险。

在所有的感觉中，触觉是触发频率最高的，从皮肤到毛发，无时无刻都有无数信息进入大脑。触觉过度敏感的孩子，大脑将会忙于处理每一个收到的信息，写作业时他人的走动，读书时微风吹动，都能打断孩子的学习，这样学习的信息自然就很难传入大脑。而触觉迟钝的孩子，则很有可能对外界的刺

激感应不足，对学习的信息反应也会比较迟钝。

触觉发展状况会影响宝宝的区分和辨别能力。凡是触觉敏感的宝宝，对外界刺激的适应力都比较差，甚至对轻微的碰触也会产生负面情绪。这类宝宝比较黏人、怕生，进而可能出现许多令人费解的行为。而触觉迟钝的宝宝则比较笨拙，大脑的分辨能力比较弱。这类宝宝最常见的情况就是容易跌跌撞撞，无法有效保护自己。

通过触觉传递给大脑的讯息，对情绪发展也有重要影响。如果爸爸妈妈经常给宝宝轻柔地安抚，就能让宝宝产生安全感，不仅情绪比较稳定，注意力也比较容易集中。反之，如果宝宝接触到的是负面的触觉刺激，则会造成情绪不稳，长大后也变得容易紧张、神经质。

总之，只有一个人的触觉发展良好，成年后才会表现得进退有节、亲疏分明，能够给人明确的交往信息，人际关系才会比较融洽；通常会为自己设立好目标，并准确地规划、平稳地履行计划；会比较容易取得他人的理解和认同。由此可见，触觉的发展对儿童的成长尤为重要，父母在孩子的成长过程中一定要注意孩子的触觉发展状况，一旦孩子出现触觉失调，就要引起重视并给予关注和干预。

触觉统合失调对孩子成长的影响

一些家长发现，孩子在学校时好像总是孤单一人、不爱与人交流，很容易跟别人发生冲突，上课也总是坐不住，不安分地乱动。老师经常叫家长去学校沟通孩子的问题，但是家长也很苦恼，不知道孩子为什么会这样。其实这是孩子触觉感统失调的表现。触觉失调对孩子的成长是十分不利的，那么，儿童触觉失调的危害究竟有哪些呢？

触觉是儿童早期认识世界的主要途径，并在人的一生中起着重要的作用，在个体胚胎发育期以及儿童出生后的早期，如果触觉功能发展异常就会给儿童多方面能力的发展带来不利的影响。

1. 影响儿童的社会交往

触觉刺激的缺失，对其身心发展造成很大影响，当他们年龄大时，性格上就会出现不愿让人触摸、适应能力较差、社交能力欠佳等特点。与正常环境中成长的、得到触觉满足的孩子相比，他们在生活中会有更多焦虑和紧张，社交上有更多的退缩，积极主动性欠缺。

2. 安全与自我保护

儿童体格的健康发展也离不开触觉刺激。触觉敏感的孩子一般会对外界新的刺激适应性弱，喜欢熟悉的环境和动作，喜欢保持原样、重复语言、重复动作，对任何新的学习都会加以排斥，不喜欢他人触摸，人际关系冷漠，怕人，挑食偏食，用

指尖拿东西，容易与人发生冲突。

现代社会存在诸多不良因素，严重干扰儿童早期触觉功能的发展，导致儿童出现异常行为。如情绪波动大、神经质、易紧张、不善交友、爱哭闹、惹人、黏人、固执、同伴正常体肤接触中发出尖叫等，性格孤僻，严重者不愿上学，甚至吮吸手指，咬手指甲等。一旦孩子经常出现这些问题，一定要到专业的机构进行咨询和积极干预。现在很多父母对孩子过度保护，总是为孩子设计"安全"的生活区。例如，当孩子很小的时候，家长会给孩子穿上很多衣服，结果孩子从小触觉刺激就受到限制；当孩子每次想要东西或爬上台阶，马上就被禁止：脏不可以碰、危险不可以爬等。结果，孩子少了各种通过触觉接触环境、感觉环境的机会，容易导致孩子触觉统合失调。

当孩子出现了触觉统合失调的问题时，家长除了寻求专业的治疗机构进行康复外，也可以通过一些小游戏进行家庭训练。

第一，刷身游戏。家长可以用麻布、毛巾、海绵、软刷子、触觉球等，以中等力度刷孩子的手臂、前胸、后背、足部等身体部位，提升孩子的感知觉。为了避免孩子紧张，可以一边刷一边讲故事或唱歌给孩子听，营造轻松愉快的氛围。第二，毛巾卷游戏。用一条略微粗糙的大毛巾，将孩子整个卷起来并轻轻滚动或下压毛巾卷，或用双手轻轻抱紧孩子，强化他身体各部位的触觉感受。第三，垫上游戏。家长可以让孩子躺在地毯上，双手抱头，然后向左右两个方向滚动，还可以练习前滚翻和后滚翻，这对发展孩子的触觉、动作平衡、协调性都很有帮助。

当然，更加重要的是，在孩子成长初期，父母应该尽量让孩子通过触觉系统接触和感受不同的环境，充分发展孩子的触觉统合能力，预防触觉统合失调问题。

触觉家庭训练游戏如何进行

触感是神经组织最重要的"营养"，触觉的敏锐度会影响大脑辨识能力、身体的灵活度及情绪的好坏。对于成长中的儿童来说，我们可以通过以下游戏来训练其触觉。

1. 挠痒痒

家长让孩子平躺好，然后开始挠孩子的咯吱窝或者脚底板这些容易痒的地方，家长要根据孩子的反应来控制自己力度的大小以及刺激的强度。

2. 搓澡

家长首先要注意控制自己的力度，玩这一游戏力度不可过大。

家长可以用搓澡巾擦搓孩子的手臂、足部、胸部和背部等部位，可以在给孩子搓澡的时候给他讲故事，或者为孩子放一放舒缓的音乐，以此让孩子保持轻松快乐的心情。

除了搓澡巾，我们还可以使用其他物品代替，如羽毛、电动按摩器等。

3. 吹风机游戏

我们首先要告诉孩子身体各个部位的名称，用凉风吹这些部位，再换成热风吹，让孩子描述被吹时身体的感受，不过，此处需要注意的是，父母要注意温度，不要让孩子有灼痛感。可以随时切换冷热风，并观察孩子的感受。也可以放一张薄纸在要吹的部位上，以减轻风的强度。

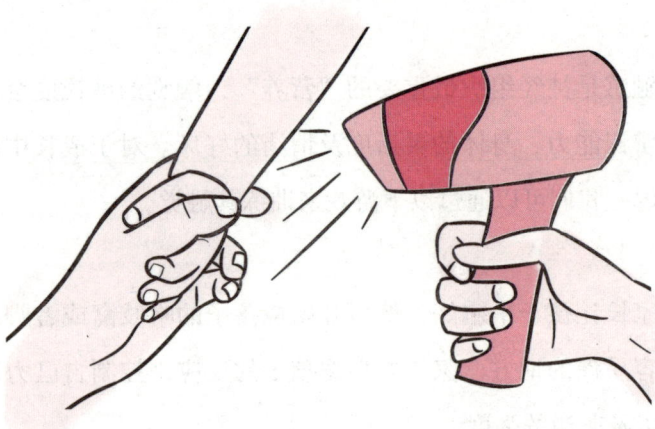

4. 卷"蛋卷儿"

拿来一个毛巾被或者毯子，将孩子裹起来，只留出孩子的头部，爸爸或妈妈轻轻地挤压孩子的双臂、背部、臀部、腿部，并推动其不断地翻滚。

5. 摸一摸，说一说

在一个小盒子里放进一些物品，比如，笔、牙刷、钥匙等，然后盖上盖子，再把孩子的眼睛蒙上，让孩子将手伸进去，让他摸一摸，并说出物品的名称。

　　另外，在平时，我们可以引导孩子触摸不同的事物及不同触感的事物。如抓一把米、一把沙子、豆子等让孩子感受，或者让孩子感受不同纸张质感、不同形式的绘本。可以为孩子准备足够多材质种类的玩具，例如：布制的立体书、动物皮与布料拼接的玩偶、橡胶材质的弹球等。还要带领孩子亲近大自然，玩沙、玩水、玩泥巴、触摸树叶花草等。需要注意的第一点是家长不要怕脏，反而要鼓励孩子玩，要与孩子一起玩，以激发孩子的热情，玩完以后要及时给孩子洗手和换洗衣服；第二点是要保护好孩子，不要让孩子把沙或泥土吃到嘴里去或弄到眼睛里。

第 11 章

家庭中的视听统合训练

对于年幼的儿童来说，他们接触外在世界的方式首先是"看"和"听"，所以其视听统合能力的发展尤为重要，而视听统合能力的训练，是培养孩子注意力的最好方法。父母要抓住孩子心理发育的最好时机进行感统训练。一般来说，在宝宝5个月大的时候，就应该进行视听统合、培养注意力的训练。那么，如何在家庭中对孩子进行视听统合训练呢？在本章中，我们来揭开答案。

我们需要掌握的视听知觉小常识

在日常生活中，我们每天都会听到和看到周遭发生的一切，然后，我们会在头脑中进行处理，形成自己的认知，这一过程就是视听知觉。

这里，我们从视知觉和听知觉两个方面来看。

一、视知觉

视知觉在心理学中是一种将到达眼睛的可见光信息进行解释，并用其来计划或行动的能力。视知觉是更进一步的从眼球接收器官到视觉刺激后，一路传导到大脑接收和辨识的过程。因此，视知觉包含了视觉接收和视觉认知两大部分。简单来说，看见了、察觉到了光和物体的存在，与视觉接收好不好有关；但了解看到的东西是什么、有没有意义、大脑怎么做解释，属于较高层的视觉认知的部分。

那么，人类的视知觉功能是如何发展的呢？

3~6岁的儿童对一幅图片的观察，正处于整体和局部的统一的过渡期。4岁的儿童在观察图片时，也许只看到图片的个别部分。如"两只长颈鹿"或"一个土豆""两根胡萝卜"。但6岁的儿童几乎可以看到所有部分，然后开始看见整体。心理学家把这种现象称为逻辑上的"慢动作"。

我国心理学家陈立等曾做过以下研究：他们将四种基本色（红、蓝、黄、绿）和四种几何图形（圆、正方形、长方形、三角形）结合为16个图形。实验对象是2.5~7岁儿童。实验结果显示：儿童的形状抽象（是指不仅能辨别不同形状，还能说出其名称，如三角形、圆形等）感知发展最早，3岁前已达100%，3.5~4.5岁颜色抽象（是指不仅能辨别不同颜色，还能说出其名称，如红色、黄色等）感知发展达到高峰，占77.7%，这表明儿童的颜色、形状抽象感知能力在3~4岁时已经较为成熟。

3~6岁的孩子视觉发育的一个关键里程就是空间知觉的形成。空间知觉是指对物体的形状、大小、远近、方位等空间特快获得的知觉。对个体生活而言，空间知觉是一种必不可少的能力，因为个体生活在三维空间，在一切活动中，必须随时对远近、高低，方向做适当的判断，否则就难免发生困难或遭遇危险。空间知觉包括图形知觉、大小知觉、深度知觉和方位知觉。

1. 图形知觉

视觉开发可以直接提升幼儿的空间知觉能力。4岁是图形知觉的敏感期，这时的孩子往往把不熟悉的几何图形与具体事物相联系，如把正方形说成是"窗格子"，把三角形说成是"红领巾"。建议应把各种几何形状的名称与实际几何图形一致加以认识，达到"音、形重合"。

2. 大小知觉

儿童从2岁半到3岁，判别大小的能力急剧发展。3~6岁的幼儿应具有判断事物真实大小的能力。例如，把一块积木先放在离孩子较近的地方，再放到较远地方，虽然积木离孩子距离越远，孩子看到积木越小，但孩子知觉到积木的大小并未变化。

3. 深度知觉

即立体知觉，是对立体物体或两个物体前后相对距离的知觉。3~6岁的儿童通过视觉启智活动加强这方面的力度，使他们从二维空间转化为三维空间。

4. 方位知觉

即方向定位，是对物体所处的方向的知觉，如前后、左右、上下及东、西、南、北的知觉。据相关研究表明，3岁儿童已能辨别上下方位，4岁儿童已能辨别前后方位，5岁儿童开始能以自身为中心辨别左、右方位，6岁儿童能完全正确地辨别上下前后四个方位，但以自身为中心左右方位辨别能力还须加强。

二、听知觉

听知觉是大脑对耳朵听到的信息进行加工和处理并与过去的经验整合，从而产生知觉（声音的位置、意义、发展等）的过程。

注意力是认知加工过程的状态，而听知觉便是一个重要的认知加工过程。注意力不足可以影响听知觉的加工过程，例

如，儿童的注意力选择不足，不能将注意力指向老师讲课的声音并维持稳定（注意力稳定性），便会影响听知觉的处理。儿童听知觉功能发育是一个发展的过程，如果长期听觉注意力不足便会影响听知觉的发展。反过来，如果听知觉能力不足，儿童也可能表现出注意力不足的现象。如果儿童的听觉分辨力不足，导致上课听讲困难、听得吃力、听不懂，则容易注意力分散和转移。

儿童的学习主要通过视听动三种感知觉通道，如果听知觉功能不足，将对学习特别是语言学习产生较大的影响。例如，听觉分辨能力不足导致难以区分音近字、音近词；听觉记忆能力不足导致无法听全重要信息；听觉理解不足导致听讲能力和阅读能力落后等。

研究表明，部分儿童的注意力不集中和学习困难与听知觉功能不足有关，通过针对性训练学习相关的听知觉功能，能改善、提升相关学习表现。

听知觉能力是有结构的，它包括以下几种能力。

1. 听觉辨别力

听觉辨别力是指接受和辨别各种声音的能力。一般而言，对声音或者语音差别较大的听觉刺激，儿童都比较容易分辨。如果声音接近，差别较小的话，那么分辨起来就非常困难。

2. 听觉记忆力

听觉记忆力是指儿童在听完一件事情后复述这件事情的能

力。记忆力是学习的基础，而听讲是儿童上课的主要活动，因此听觉记忆力直接关系到儿童的学习效果。

3. 听觉编序力

听觉编序力是指儿童在听完一件事情后，重新整理先后顺序并回忆出来的一种能力。听觉编序力是记忆的基础。

4. 听觉理解力

听觉理解力是指儿童能辨识声音以及了解说话的能力。

5. 听说结合力

听说结合力是指儿童能听懂别人说的话并做出较为复杂而有意义的语言反应的能力。在现实生活中，听说是密不可分的，如听讲与发言。听说结合是一项非常复杂的活动。

事实上，无论是视觉能力还是听觉能力，都是儿童重要的学习能力，许多患有注意力缺损的儿童的视听能力都相对落后。有专家曾经做过统计，小学生50%的上课时间在听老师讲话。但是，有时候我们也会遇到这样的一些儿童：上课不能长时间的专心听讲，注意力分散；常常是充耳不闻，更别说要理解老师上课的时候讲解的知识了；记不住也记不全老师布置的作业。复述老师所讲的内容的时候，显得语无伦次……

这一问题，也许是我们后文中会提到的视听知觉失调，总之，我们要对孩子的视听知觉发展进行关注，一旦发现孩子有视听知觉失调的现象，就要进行积极的干预。

儿童视知觉失调的表现

生活中，我们常说，正所谓"眼睛是心灵的窗户"，我们在生活中接收的信息，绝大部分要通过视觉来获知，所以视觉功能的良好发展对于孩子来说是十分重要的。视知觉功能主要包括视觉聚焦、视觉追踪、颜色辨别、轮廓掌握、视野扩展、平面与立体转换、图像创造、层次辨别、视觉预测、视觉记忆等多个方面。所以，如果孩子的视知觉功能发展不理想，他在生活学习的很多方面都会受到影响。

视觉统合失调是指视觉功能发育不全，视觉功能发育不全会造成两种损害，一种是近视眼，另外一种就是认读、书写容易出现遗漏、错误。近视眼是睫状肌及其他眼部组织的变异造成的，睫状肌及其他眼部组织的变异会造成屈光不正，这样远距离视物就不够清晰。认读、书写容易出现遗漏、错误，是因为视觉神经发育不良，神经元之间传递信息机能欠缺，采集的视觉信息不能在大脑皮层区完整地输入、输出，这就导致了视物产生遗漏、错误。

视觉功能之所以发育不良，是因为视觉神经及视觉组织没有得到有效的训练。视觉功能分为视觉信息的输入及视觉信息的输出。视觉信息的输入主要以图像为主（所有的物质都为图像），其次为文字，而文字又包含有数字、字母等。图像信息有大小、形状、颜色这几方面，就拿树叶来说吧，除了颜色、

大小、形状之外还有叶茎、叶面等信息可以采集。叶茎有粗细之分，叶面有正、反面，滑、糙之别。文字有笔画、笔顺，上下、左右、混合结构之类的信息。数字有数值、数位、大小之类的信息。

我们平常一般只告诉孩子物质的名称，其他的相关信息却很少提及。就算是一双吃饭的筷子，也有很多信息可以分析，但我们一般不会给孩子分析筷子的质地、产地、由来……孩子们看到的筷子就只是两支长短一致的小木棍，却不能透过小木棍看到其他的信息。其实，视觉信息分的越细小越有利于信息的输入与输出。

除了视觉信息输入容易出现问题外，视觉信息的输出也有可能出现问题。我们常常会发现这样一个现象：孩子嘴里念着7+8=15，手下却写成：7+3=15或者7+8=8。这种情况就是视觉信息输出出现问题。我们常常认为这种问题是孩子粗心、马虎的结果，是孩子的主观错误，其实一旦视觉信息输出出现问题就会造成这样的结果。一直以来我发现家长习惯于告诫孩子要认真仔细，可是告诫仅仅只是停留在语言上，在行为上却很少对孩子进行认真、仔细的训练。当孩子出现粗心、马虎的问题时，家长们喜欢责怪孩子不听话，却没有想到对孩子视觉信息的输出进行训练。

关于视觉信息的输出还有一个普遍而严重的问题：孩子们在认读、书写时往往是跳跃式的，嘴里读着前一句，眼里却瞟

着下一句，手上写着前一道题，心里却想着下一道题。究其原因，有可能在计算、阅读能力还不是很完善时老是被催促着赶快写作业，或者孩子们自己催促自己，赶快做完作业了好出去玩，这样就忽略了信息的整体输出，形成了粗心、马虎的不良习惯。

下面罗列了视知觉功能失调孩子最容易出现的20种失调表现。

（1）常碰撞他人或撞到家具。

（2）快两岁了还认不出照片中的自己。

（3）两岁多依然不会将不同颜色做归类。

（4）上下楼梯、跨越水沟时会迟疑、害怕。

（5）两岁多还无法从照片中认出熟识的大人。

（6）两岁左右配对简易几何积木图形还有困难。

（7）近三岁依然不能区分物体的大小。

（8）分辨形状的异同有困难。

（9）不容易看出掺杂在背景中的特定图形。

（10）不喜欢玩拼图。

（11）容易迷路。

（12）视线追踪天空的飞机有困难。

（13）视觉记忆短暂。

（14）辨认数字有困难。

（15）常把数字上下左右写颠倒。

（16）辨认注音符号有困难。

（17）写字常超出格子之外。

（18）朗读课文或抄写功课时常遗漏字句。

（19）常把数字、文字、字句左右写颠倒。

（20）阅读速度较慢，时间持续不久。

儿童听知觉失调的表现

耳朵的作用对于我们每个人来说都毋庸置疑，对于孩子来说，听觉发展是孩子说活的前提。恐怕很少有人想到，耳朵不仅是声音的接收器官，也是声音发送器官的一部分。而听觉统合失调是指听觉功能发育不全。孩子从生下来的那天起，各种功能都处于发育阶段，功能发育得好就能做出敏捷、快速的反应，否则就会迟滞、缓慢甚至无反应。这是因为没有发育成熟的各种功能不能有效地接收、反射相应的信息，各项技能还处于比较薄弱的状态。

患有听知觉失调的孩子，缺乏捕捉主干语音信息的能力。因为不能有效地捕捉到主干语音信息，孩子就显得脑袋空空，无所事事。在平时，孩子还好一点，毕竟可以做自己喜欢做的事，但在课堂上听觉能力缺损的孩子就只能呆呆地坐在座位上，受外界嘈杂的语音信息的干扰而浮想联翩，老师讲的课却不知所云。最终形成孩子不能认真听讲，注意力不集中的客观现实。这并不是因为孩子不听话，不懂事，而是听觉失调的表现。那么，总结起来，听知觉失调有哪些具体的表现呢？

新生儿时，家长在孩子左右两个耳边拍拍手，孩子如有反应视为正常。如果拍手的声音过大，孩子就会表现为惊跳，出现肢体活动，呼吸节律也会改变，甚至睁开眼睛或哭起来。

2~3个月时，家长可在孩子的听觉范围内，拿一个带响的玩具，放在左耳边和右耳边，弄响玩具后，看孩子是否跟着声源转头。

4~6个月，妈妈在孩子身边说话，如果孩子能够在妈妈对自己说话时用眼睛注视着妈妈，或在听到妈妈的声音时停止活动，并将头转向声源，视为正常。

7个月以上，孩子能根据声音的方向用视觉去寻找发声的物体，说明声音的分辨能力正常。

如果您的宝宝表现与上面不同，建议您到医院为宝宝做一个听力筛查，及早进行诊断治疗。

孩子长大后听知觉感统失调的表现：

（1）听力完全正常，却充耳不闻，家长和老师说话像"耳边风"似的。

（2）听他人讲故事时显出不耐烦的样子或东张西望，经常打断别人说活。

（3）上课时爱走神儿、做小动作，常因外界的细微干扰而

分心。

（4）复述故事时颠三倒四、逻辑不清或流失很多信息。

（5）喜欢无端尖叫或自言自语。

（6）对巨响反应较差，甚至无反应。

（7）喜欢自己看着读而不愿听别人读。

以上就是孩子听知觉感统失调的表现。无论是婴幼儿，还是刚开始上幼儿园的孩子，这些问题都是各位父母所不能忽视的。如果父母在孩子小的时候没注意孩子的听知觉问题，那么当孩子长大后就可能会出现其他感统失调的情况，甚至会对孩子的学习能力及语言沟通能力造成障碍，严重影响孩子的身心健康发展。

对于已经形成听觉统合失调的孩子，其矫正方法与训练方法是一致的，只是我们一定不能只告诉孩子如何做，更重要的是在行为上督促孩子做好。只有这样才能帮助孩子加强调整与改善，杜绝精神涣散、注意力不中的现象。

视听知觉统合失调对孩子成长的负面影响

我们都知道，视听通道是孩子接受外界信息的主要通道。生活中，几乎所有的信息都是通过视听通道获得的。在视听觉正常发育基础上发展起来的视知觉和听知觉的好坏也会影响孩

子的成长和学习状况。

生活中，将近80%的信息都是通过视听通道获得的。在视听觉正常发育基础上发展起来的视知觉和听知觉的好坏是影响孩子上课能否有效听讲的基础。试想，孩子上课时听不懂老师讲课的内容，记不清老师的要求，就会出现不能长时间注意听讲的现象，对语句听得颠三倒四，根本谈不上对学习的兴趣，更谈不上"有效学习"。

一般来说，和视觉相配合时，儿童对所学习的内容学得快，记得牢。孩子学习唱歌时，如果能看到与歌词内容相符的电视画面，就很容易记住歌词和曲调。经过大脑的每一层次，信息会变得更加清楚、更加准确，而其中最错综复杂的处理过程是把某些声音提炼为有意义的音节和字，这就是一种高级的神经功能——语言处理。

相反，视觉统合失调的儿童，在课内课外阅读时，常会出现读书跳行、漏字，演算数学题目会抄错，缺乏空间概念，还会把一个字的左右偏旁写反、上下倒错，从而造成学习困难。久而久之，必然会造成孩子学习成绩下降，跟不上学习进度，在心理上产生自己不如他人的自卑感，自信心不足，退缩，自我评价低。还对别人的话听而不闻，经常忘记老师说的话和留的作业等。

优良敏锐的视知觉和听知觉能力对于孩子的未来具有十分重要的意义，是孩子智力开发的重要条件。良好的视知觉使孩子在生活与学习中能够观察细微、判断精确、分析明晰、记忆

牢固、反应迅速，从而在语言文字、书画艺术、科学社会等领域的学习取得突出的成绩。同样，良好的听知觉对孩子语言能力的发展起着决定性的作用。它使孩子在生活与学习中能够听觉敏锐、记忆牢固、语言出众、音感明显、智力发达，从而在语言、音乐、社交等方面取得突出的成效。

耳朵与眼睛协作能提高对事物的感知。耳朵的活动范围虽然小，可作用不只是听听讲话，听听音乐，它还有其他的特殊作用。在很多时候，它可以与眼睛协作，共同感知事物，提高对事物的感知效果。听与说是不可分割的，也是比较复杂的。因为它涉及的不仅是听进去了没有，听懂了没有，还涉及是否对所听的内容做出了有意义的反应。

如果孩子的视听觉统合出现了问题，那么无论是视觉记忆还是听觉记忆，能力都较差，上课很难集中注意力，经常会忘记老师的要求；不能让有限的课堂产生无限的效益，还会影

响课外的正常生活。久而久之，孩子会在心理上怀疑自己的能力，甚至厌学逃学，影响孩子健康成长。

视听统合能力失调的训练要点

在现实的家庭生活中，不少父母认为，孩子不听父母指令，是因为不懂事，等长大了就好了，根本没有人会想到，这是由于孩子的试听统合能力不足引起的。

我们先来看看孩子的视觉动能包括哪些部分：

（1）察觉物体存在的能力。明视觉条件下察觉物体存在的能力主要是视网膜中央凹视锥细胞的功能，但在暗视觉条件下则是视网膜上视杆细胞的功能，通常用最小可察觉视敏度作为衡量指标。

（2）分辨物体细节的能力。主要是明视觉条件下视网膜中央凹视锥细胞的功能，通常用最小可辨别视敏度来衡量。

（3）觉察物体色彩的能力。视觉正常的人在明视觉条件下可分辨可见光谱上的多种色彩，这种对色彩的分辨能力主要是视网膜中央凹视锥细胞的功能，通常用色盲图来检查人对彩色的分辨能力。

（4）视觉背景中分辨视觉对象的能力。这种能力的大小可用人的视觉系统辨别视觉对象时要求的视觉对象和背景的差异

程度（如对象与背景的亮度差）来表示。

孩子的视觉功能之所以发育不良，除了先天性器质性问题，很多情况下是因为视觉神经及视觉组织没有得到有效的训练，输入过程包括图像和文字的输入，对于外界的信息，作为家长，我们为孩子分析得越细致入微，越是有利于信息的输入。

除了视觉信息输入容易出现问题外，视觉信息的输出也有可能出现问题，比如一些孩子在纸上写得和嘴里念得不同，就是这一问题。其实这并不是孩子粗心的问题，我们父母要认真观察，看看孩子是否存在视觉功能失调的问题。

要解决这些问题我们就要训练孩子对各类视觉信息的分析、了解，对文字、数字逐一地认读、书写，以此刺激、强化视觉神经及神经元对视觉信息的传递及整体信息的输入与输出。另外在孩子最初认读、书写时不要催促孩子，更不要让孩子自己催促自己。对于视觉功能受到损害的孩子不要批评，指责，而是耐心地加强对视觉功能的训练，视觉功能是完全可以修复的。

我们知道，某种功能由弱到强唯有通过训练才能完成。客观现实却是，在孩子幼小的时候，家长们忽略了对孩子的听觉能力进行有效的训练，致使孩子对外部的语音信息的接收能力不够敏感，常常听不到或者听不清家长的指令，或者就是听到了也是充耳不闻，不采取任何相应的行动。

　　听觉信息多而杂，每天从早到晚充斥耳际的是各种各样的嘈杂声。与视觉信息相反的是，听觉信息是单一的，不是越多越好，需要过滤掉除主讲者一方声音外的所有的声音。但我们的孩子没有得到过这方面的训练。孩子在嘈杂，纷乱的声音信息干扰下很难分辨主讲者的声音。这种现象其实也就是听觉能力的缺损，听觉能力缺损并不是我们所认为的"聋子"。

　　听觉统合失调的训练应该在婴儿时期就开始，主要训练婴儿的听觉能力。对孩子说话时一定要保证面对面，让孩子直视说话者的面部，帮助孩子捕捉说话者的口型，专注地聆听说话者发出的每个音符、音调，根据说话者发出的指令做出相应的动作。经过长久的有意识的训练，孩子就会自觉形成注视主讲者的习惯，结合主讲者的口型也就更容易捕捉来自主讲者的语音信息。老师们都知道，上课不认真的孩子基本上都没有看着老师，看着老师的也是目光涣散，想着自己的事情。那些看着老师并且目光聚敛的孩子一般都是学习成绩比较好，学习轻松的孩子。

　　总的来说，视听统合能力的训练，是培养孩子注意力的最好方法。父母要抓住孩子心理发育的最好时机进行感统训练。

　　当然，任何训练方法重在实践，而非纸上谈兵，只有这样才能帮助孩子加强调整与改善。

第 12 章

家庭中孩子的精细动作训练如何进行

　　我们都知道，我们的孩子在很多情况下都是用手接触外在世界，孩子的动手操作能力极为重要，所以产生了精细动作能力的发展。手部精细动作顺利发展有利于早期脑结构和功能成熟，是个体其他能力发展的重要基础，对于后期孩子各种手部活动都有着重要影响。那么，如何锻炼孩子的精细动作？在本章中我们会介绍一些具体的训练方法。

我们需要了解的儿童精细动作小常识

我们都知道，手是认识事物特征的重要器官，是人类进化的标志，因而手部的动作在婴儿心智教育中非常重要。儿童早期产生的一些手部动作，我们称为精细动作。比如抓放、手指对捏、模仿画画、剪贴、折叠、书写等。

精细动作是儿童智能的重要组成部分，是神经系统发育的一个重要指标。而所谓精细动作能力，在这里主要指的是动手操作能力和手眼协调能力。

动手操作能力是一种操作技能，它是由一系列的手指动作构成的一种合乎法则的随意动作方式。所谓的"随意动作"就是指这种动作的形成受意识支配，受计划调节并服从于一定的目的或任务。动手操作能力的构成因素有动作的准确性、敏捷性、力量性、连贯性和协调性五个方面。

手眼协调能力是指手的分化能力和视觉器的相互统合能力。手眼协调的生理结构是存在于个体机体内的一定功能性联系的肌肉群及相关关节组合成适应特定任务的单元。个体的机体状态、外界环境和相关任务三者的交互作用决定了某项动作达到的最佳协调模式。手眼协调主要是指大脑指挥视觉信息的接收和手部小肌肉群的控制能力的协调。

　　手部精细动作的健全发展可以使宝宝认识事物的各种属性及彼此间的联系，促进其知觉完整性与具体思维的发展，并且为宝宝以后吃饭、握笔写字、使用工具等行为打下基础。

　　儿童手部精细动作的发展遵循了从混沌到分化，从无意识到有意识的发展规律，基本形成了从本能的抓握——有意识地满把抓握——拇食指以及拇食中指的协调抓握——抓放可逆——双手协调的顺序。6个月的儿童，手部的动作明显地灵巧了，一般物体均可熟练地抓起，这时可开始学习捏取一些小的物品，如爆米花、小糖豆等。刚开始学的时候大人可给予示范，也可用瓶口直径为2.5厘米左右的小瓶，让儿童把小糖丸放入瓶内后倒出来，再放进去，来回玩耍。大人应观察儿童能否用拇指、食指分工拿起爆米花、小糖豆等小物品并自如地放下。如动作生硬不协调，就要多做这类练习，让其自己捡拾爆米花放到嘴里。玩小物品时应注意安全，抓完之后要及时收起来。

　　在准确抓握的基础上可给儿童一些积木、套碗、套塔等玩具，首先训练他抓住一个后再抓一个，或向儿童同一手上送玩具两次，教儿童学会将玩具传递到另一手上再取第二个玩具。当儿童两手均有玩具时，可教儿童对击两个玩具，如对击积木、小套碗等。大人可先拿同样的两块积木，一手一块，敲给儿童看，让儿童模仿敲击，可反复多次训练。同时也可训练儿童有意识地拿起和放下，儿童开始拿玩具时可能会扔掉或撒手，但并不是有意识地放下，大人可在儿童拿起玩具如积木时

用语言指导他放下，或给某人，放在某处，如"把积木放到杯子里""把球给妈妈"。每次成功后大人都要及时给予鼓励，激发他自己动手的兴趣和信心。

总之，早期精细运动技能发育与脑认知发育进程存在时间和空间的重合，早期精细运动技能的顺利发育和有效发展有利于早期脑结构和功能的成熟，进而促进认知系统发展。同时，儿童的精细动作技能和学业成绩存在共变的关系。可见，精细动作能力的发展对儿童具有重要意义。

儿童精细动作发展过程

精细动作是人类解决细小问题的重要基础，其发展主要体现在手指、手掌和手腕等部位的活动能力，0~3岁是精细动作发展极为迅速的时期，因此要针对婴幼儿的年龄特点进行适当的训练。

孩子手部精细动作的发展是有一定时间规律的，虽然每个孩子略有差别，但可以作为参考。

胎动是儿童最初的运动形式。新生儿的运动无规律、不协调，原因是大脑皮质发育不成熟，随着大脑功能的逐步健全，会出现进一步的运动发育。

宝宝在2~3个月的时候，我们就要帮助他从抓握开始练习了。妈妈可以将小的玩具挂在宝宝摇床床沿上，然后吸引宝宝去玩。妈妈也可以在手里吊一个小球，高度应该是孩子能够抓到的。要记住：妈妈一定要和宝宝互动，才能提高宝宝的抓握兴趣。当宝宝可以轻而易举地抓到时，要逐渐提升高度。

4~5个月时，可以锻炼宝宝抱瓶喝水，还可以让宝宝学习双手对捏、鼓掌欢迎。随着宝宝双手抓握能力的增强，妈妈可以对宝宝的双手协调进行训练。比如：喝奶时让宝宝自己抱住奶瓶，5个月时，妈妈可以对宝宝进行拇、食指对捏的训练。如：让宝宝自己捏小馒头，捏绳子等。

6个月时，随着宝宝视觉能力的发展，他能够观察到周围的物品并能够很准确地把物品抓到手里，然后尝试将物品放到一个地方。因此妈妈在6个月时要有意识地开始对孩子进行手眼协调能力的训练。这时候的妈妈要切记：只要是在安全的条件下，任由孩子乱拿乱动。

7个月以后，宝宝有了一定的大动作和精细动作的能力，很喜欢做重复的动作，这是因为宝宝在头脑里思考，在头脑中产生概念，明白自己和物的关系，从此小手变得勤快。这时，妈妈就要对宝宝进行动手能力的训练了，也是宝宝开始用手来认识客观世界和实物的重要阶段，妈妈要有意识地让宝宝进行捏东西、塞东西等训练。

10个月开始要对宝宝进行敲打训练，11个月时要开始训练宝宝套杯子、捡豆子。比如妈妈在家里可以让宝宝将豆子捡到

碗里，来训练宝宝的手部灵活性及手眼协调能力。

12个月开始，妈妈可以利用讲故事的时间，让宝宝练习自己翻书的能力，目的是训练宝宝手指的灵活性及手腕的力量和对图画的判断力。

13个月的宝宝可以训练倒东西的动作，14个月时训练使用勺子，15个月时训练镶嵌板，从有抓手的过渡到无抓手。16个月时宝宝进入卷东西的敏感期，可以让宝宝练习卷拧东西，物品由大到小，由硬到软，同时练习双手配合能力。17个月时让宝宝练习撕纸，促进手指、肌肉的分化。

18个月时让宝宝练习夹东西、用手握笔涂鸦。19个月时让宝宝练习切东西。20个月开始捏东西，练习捏橡皮泥，可以给宝宝示范。24个月时练习串珠子、用筷子、搭积木。28个月以后学习画画，练习按的动作，培养宝宝双手的配合能力以及自理能力，让宝宝自己按扣子。对宝宝进行精细动作的训练，家长要注意由易到难，让宝宝在安全的范围里活动。通过对宝宝有目的的精细动作的训练，可以提高宝宝手眼协调、发展精细动作的能力。

儿童精细动作的发育过程也随月龄的增长而变化，在这一过程中，良好家庭教养和经过幼儿园教育的儿童，运动发育都会遵循上述规律甚至超前发展。如果宝宝2个月时不会抬头，6个月时不会坐，8个月时不会爬，满周岁还不会走，动作笨拙，明显落后于同龄儿童，就可能是脑发育不全或肌肉发育不良造成的运动发育迟滞，应查找原因，加强训练，并给予相应的治疗。

孩子精细动作发育不良的原因

人类区别于动物的一个重要特征，是人类能用工具。运用工具，标志着地球上的生物在生物发展史上进入了一个新的阶段，人类就是用手来制造工具和使用工具的，他的上肢动作成了智慧的代表，而非运动的代表。有人甚至说：人类靠手征服了环境，人的手如此精巧、复杂，不仅能展示人类的心灵，而且使人与环境建立了特殊的关系。

手部精细动作指手部小肌肉群的活动能力，它是由人脑的高级神经中枢发送指令来完成动作的。激发和控制手指精细运动的信号源于脑的最高区域——运动皮层。运动越精细，支配它们的相应脑区越大。由此可见，人脑发育与精细动作的发展是密不可分的，我们可以通过精细动作练习来促进儿童手眼协调能力的发展。

然而，我们很多家长在家庭教育中发现，孩子即使上学后，依然写字力度不对，要么折断笔芯，要么戳破书本。还有的孩子握笔姿势很难矫正，书写坐姿总是错的。写作业没有多久就说手指头疼，握笔肌肉紧张。一些父母不以为然，认为等孩子大了就好了，其实不然，这是孩子精细动作发展不佳的表现。这些障碍的背后都是由于孩子早期精细动作锻炼不到位而造成的肌肉发育不协调。

孩子出现精细动作发展不佳主要有以下原因：

1. 早产儿

儿童脑部发育对运动有着密不可分的关系，而早产儿在母亲子宫内的时间较短，神经系统发育不够成熟，这必然会影响孩子的脑发育，使位于脑供血末梢的脑白质受到不同程度的损伤而影响儿童神经系统功能，特别是导致运动发育障碍。

研究显示，早产儿精细动作发育明显低于足月儿。因此，准妈妈要加强孕期保健预防早产，一旦出现早产，应当立即引起高度重视，并要对早产儿进行早期干预，促进其大脑及精细动作的发育，防止儿童精细动作发育迟缓或智力低下。

2. 非父母抚养

研究显示，在抚养孩子这一问题上，由父母亲自抚养的儿童的精细动作的发育状况明显要好很多。通常情况下，父母更容易接受那些新的教育理念和知识。另外，亲子之间的感情比隔代感情更亲密，父母也更愿意在孩子的早期教育上进行投入。

非父母抚养者往往更关注儿童的饮食卫生、健康安全，担心在做精细动作游戏时发生异物吸入等意外伤害，从而在很大程度上限制了儿童精细动作游戏的活动，导致精细动作缺乏练习的机会。

3. 母亲文化程度不高

动作发展过程主要受人体器官生理成熟和所处环境两大类因素的影响，而前者也受到后者（环境教育）的相关影响。母亲是儿童最为亲密的人，并且承担了对儿童的启蒙教育，文化

程度较高的母亲对优生优育的科学理念更容易接受、理解和实施，更注重对儿童的智能开发以及教育的方式方法，并在日常生活中自觉或不自觉地将早期教育的方法融会到自己的教养方式中，从而促进儿童精细动作发展。

4. 不注重早期教育

早期教育可以促进大脑发育，从小给予有序的符合儿童发育规则的运动训练，对运动发育、认知能力有促进作用。抚养人经常带儿童做多种精细动作游戏，其子女的精细动作发育明显高于做精细动作游戏少者。因此，应该大力宣传科学的养育观，避免家长一些不正确的观念对儿童造成的负面影响。

找到儿童精细工作发展不佳的原因，有助于我们做到防微杜渐，认识到儿童早期教育和精细动作能力训练的重要性，进而促进孩子精细动作的发展。

不同阶段儿童精细动作的训练要点

我们都知道，手是认识事物的重要器官，精细动作的良好状态会影响孩子的手眼协调能力，能够产生对外界刺激的分析和判断，这些都是由精细动作发育水平决定的。当我们要完成一件事情，需要我们手的抓握、捏起等动作，以及眼睛和身体各个方面统一的配合才能完成，所以精细动作是大动作的一种

延伸。手是认识事物特征的重要器官，是人类进化的标志，因而手部的动作在婴儿心智教育中非常重要。

因此，我们有必要尽早对孩子进行精细动作的训练，当然，针对不同年龄的孩子，训练的方法和特点都不同。根据孩子的发育水平，从出生就有计划和步骤地去锻炼他的双手精细动作，有着重大意义。

在孩子开始吃辅食时，我们可以让孩子自己吃东西，只要为他们准备婴儿餐具，让他们自己将食物送进嘴里，这样，就能锻炼孩子手部的力量，提高手腕的灵活度。

0~1岁：孩子玩耍的过程中，对于做得好的部分要鼓励，而做得不好的部分可以让孩子停下来，等他们有兴趣的时候再继续。

1~2岁：这个阶段的孩子喜欢到处触摸或者抓捏，此时，我们不要怕不卫生而不让孩子去做。其实这是孩子精细动作发展的表现，能锻炼孩子的手部力量。

但要记住一点，无论是什么样的方法，在孩子做的时候，父母一定要全程陪同，特别是对于珠子、纸片等这种细小的东西，一定要看护好，防止孩子吞入口中。孩子自己吃饭的时候，也不能离开，孩子太小，稍有不慎，恐生意外。

精细动作的培养和锻炼并不复杂，相反，其实很简单，重要的是在陪伴孩子的时候从点点滴滴做起，父母需要多花心思，既锻炼了孩子，也让孩子在过程中获得快乐。还有要记住

不去攀比，每个孩子的发展情况不一样，尽我们所能去帮助孩子就足够了。

2~3岁：穿珠，是很好的锻炼方式，让孩子先穿大块的东西开始，一步步地去尝试穿小的珠子。

手的灵巧程度取决于大脑的发展程度，所以从满手抓握开始，一点点到精确到各个手指的抓握，这种锻炼是非常有必要的。

3~6岁：宝宝慢慢学会握笔写字，学会使用筷子夹起花生米等圆滚食物。会穿衣服，会自己刷牙洗脸，会画出简单的图形，到最后能后把字写工整。

一岁开始，可以让孩子进行画画、涂鸦，给他准备纸和笔，或是孩子适用的颜料，孩子想怎么画就怎么画，想怎么涂就怎么涂，高兴画什么就画什么。

精细动作的发育情况不容忽视，因为精细动作的发生是受到感知觉、注意力等多方面心理活动影响的，它与大脑发展息息相关。提升了精细动作，等于在孩子的感知和专注力方面也做了提升，有助于孩子的大脑发育。

这些只是理论数据，事实上每个孩子的发育情况不同，有的早些有的晚些，只要属于正常范围即可。数据理论只作为父母养育孩子的参考，而不是模板。

儿童精细动作训练方法总结

前面，关于精细动作对于儿童成长的重要性我们已经提及。科学研究表明，人身体的各个部分均在大脑有相应的区域来支配。而相对来讲，支配双手的脑区域是最大的。双手灵巧的人其相对应的大脑区域就较发达，结构较复杂。我们做过研究，在新生儿期戴过手套的儿童其精细动作的发育落后于不戴手套的儿童，同时其发育上也受到一定的影响。因此在脑发育迅速的幼儿期进行精细动作的训练无疑是促进儿童脑发育的有效方法之一。除此之外，精细动作的训练还可提高孩子的动手能力，提高儿童的自信心和探索能力，为日后的发展打下良好的基础。

那么，儿童精细动作训练有哪些方法呢？

1. 让孩子把手中的物品放进嘴里

操作方法：

（1）用手将孩子的手握住，引导孩子拍手，并将孩子的手引导到他的前面来。

（2）在他的手中放置一件物品，然后帮助孩子将这件物品送到他的嘴边，如有必要，还可以用牵引带将物品绑在孩子的手上。

（3）给孩子一些可以吃的食物，引导他将食品放到嘴边。

（4）用一根棒棒糖。你握住孩子拿棒棒糖的手，开始时，

你帮他把手尽量举到嘴边，让他尝一口棒糖的味道。

这一过程可以激发孩子的模仿意愿，我们可以当着孩子的面从盘中取出事物放到自己嘴里，然后鼓励孩子也这么模仿，如果孩子不配合，请你抓住孩子的手把食物送到嘴边。渐渐减轻你抓住他手的力量，减少帮助，让孩子自己学着做。

2. 引导孩子用嘴感知物品

操作方法：

（1）取出一件东西，摆放到孩子能看到的地方，如果孩子没有要触碰这件东西的欲望，那你就把这件东西放到他手里，并手把手地教他把手里的东西放进嘴里。

（2）给孩子准备用牙咬的橡胶圈等玩具，让他用牙咬，以便在出牙前巩固牙龈。

（3）为了使孩子愿意配合这一活动，我们可以把孩子爱吃的一些食物，比如果冻、蜂蜜、花生酱涂在物品上，但这只是在开始时为了让孩子把拿到的物品练习放进嘴里。

（4）试着让孩子把香脆饼干和胡萝卜等放进嘴里。要注意观察，不要让他咬下一大块。

3. 让孩子尝尝嘴边的食物

操作方法：

（1）在孩子的嘴边放置一些食物，我们先为孩子模仿，用舌头去舔食物，让孩子看到我们的动作，然后鼓励孩子也这么做。

（2）用一根棒棒糖，让孩子稍稍舔一下之后，将棒棒糖在他嘴边移动，让他用舌头追着舔棒棒糖。

（3）把少许布丁（也可用孩子们喜食的蜂蜜）涂在孩子的上嘴唇上，鼓励孩子用舌头去舔。再把布丁涂在孩子嘴角上，让孩子照着镜子舔掉。

（4）把食物涂在你的手指尖上。涂一点食物在孩子的舌尖上之后，你的手指沿孩子嘴边移动，让孩子追着舔。你一边说着"真好吃呀"，一边鼓励他舔尝。

4. 让孩子放下手中的东西，再去拿一件

操作方法：

（1）先在孩子的手上放一个玩具，然后再递给他一些另外的喜欢的玩具或者食物，如果孩子的手已经拿不下，你可以引

导他放下原来手中的玩具，再去拿新的物品。比如，我们可以这样说："先把你手里的积木放下，就能拿这块饼干了！"

（2）握住孩子的一只手，使之不能活动，让自由活动的那只手拿东西。拿一件孩子喜爱的东西给他，必须让他把手中原有的东西放下，才让他拿你给他的东西。

（3）如果你看到孩子把手中原有的东西放下再拿另一件东西时，你要笑着对他进行表扬。

5. 让孩子将手中的东西从一只手换到另外一只手

操作方法：

（1）在孩子够得着的地方放置一个色泽鲜艳并容易拿起的东西，鼓励孩子把这件东西拾起来。

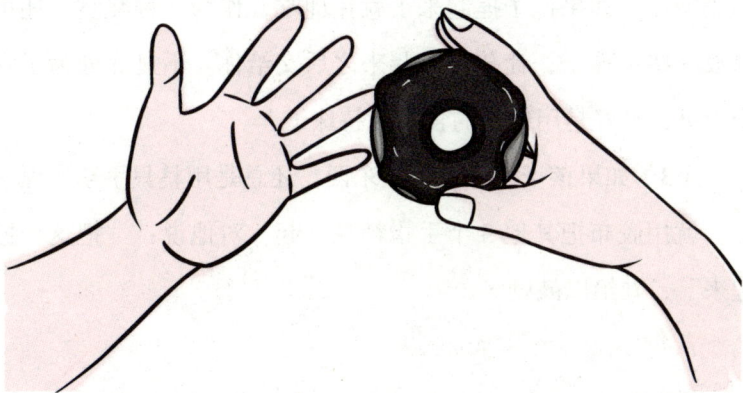

（2）给孩子一件东西让他拿在手中，再给他另一件东西，让他用拿着东西的同一只手去接。教给孩子如何把手中原来拿着的东西换到另一只手中，然后再拿第二件东西。如果他把两

件东西都抓在一只手中，就再拿第三件东西给他。

（3）如果孩子习惯用一只手拿东西，你可以把点心放在他不太使用的那只手中，再鼓励他把点心换到他惯用的那只手中。

6. 用拇指和食指捏东西

操作方法：

（1）拿来一个大盘子，然后在盘子中放置一些颗粒状的食物，比如小的巧克力，然后给孩子进行示范——如何用拇指和食指把这些小粒状的食物捏起来。如果孩子还是不会操作，你可以手把手教孩子。

（2）在盘中放一些黏糊糊的食物，比如葡萄干、湿的黏糊的小糖豆，如果孩子捏起来了就让他吃，作为一种奖赏。还可以放一些小珠子，让孩子捏起来之后交给你。不过此处为了安全起见，最好是用珠状的食物代替珠子。

（3）如果孩子无法学习捏东西，还总是用整只手掌去抓东西，就用胶布把其他3个手指粘在一起。对他说："把这个捏起来"，并给以鼓励。

7. 把物品从容器中倒出来

操作方法：

（1）把积木或杯子放在盘中。请你把积木放进杯子中，再慢慢倒出来，让他模仿你。需要时拉着他的手，引导他模仿你的样子去做。边帮助他做，边鼓励他。

（2）把饼干放进杯子中，让孩子从杯子中倒出来吃。

（3）把小糖粒或葡萄干放进细口容器中，教孩子怎样把这些小食品倒出来。

（4）指着杯子对孩子说："装进去"，再指着桌子或盘子说："倒出来"。当他都做成功时，就抱抱他，亲亲他，并对他说："你真棒"。

8. 教孩子翻书

操作方法：

（1）给孩子念一些故事，你一边念，一边教他翻书。把着孩子的手帮他翻书，逐渐让他帮你翻书。

（2）把家里的一些旧图书拿来给孩子当玩具。

（3）把糖果等夹在书中，让他找到这些食品。

（4）拿来一本孩子喜欢的书，然后问孩子："狗（或书中孩子认识的东西）在哪儿"？如果他翻找，就奖励他。

参考文献

[1]王萍，高宏伟. 家庭中的感觉统合训练[M]. 北京：清华大学出版社，2017.

[2]李娟. 儿童感觉统合训练[M]. 北京：中国妇女出版社，2016.

[3]李俊平. 图解家庭中的感觉统合训练[M]. 北京：朝华出版社，2018.

[4]卡洛尔·斯多克·克朗诺威兹·感统游戏：135个促进感觉统合的游戏，在欢笑中玩出聪明和健康[M]. 周常，译. 北京：中华发展出版社，2017.